関西
地学の旅 ❹
Kansai Roadside Geology

湧き水めぐり 1

湧き水サーベイ関西 編著

東方出版

はじめに

　本書で取り上げた湧き水は、いつでも誰が行っても汲むことができるような設備がある場所に限定しています。それでも近畿地方（　部福井県、三重県を含む）には400カ所を超える湧き水があります。

　これらを約20人の「湧き水サーベイ関西」のメンバーが手分けして回りました。湧き水の場所では、聞き取りなどの取材のほかにパックテスト法（共立理化学研究所製）による簡易水質試験もおこないました。測定項目は、水温（気温）、pH（酸性、アルカリ性）、Fe（鉄）の含有量、TH（全硬度、Caなど）含有量です。

①水温について

　　水温は季節による変化が多少ありますが、地下から出てすぐの場合は、ほとんどの地下水は、15℃～20℃までの間になっていました。そのため湧き水は夏冷たく、冬は凍ることなく暖かいといえます。おいしく感じる要素の一つは冷たさでもあります。

②pH（水素イオン濃度）について

　　酸性かアルカリ性かを示す数値です。7が中性で、それ以下は酸性、それ以上はアルカリ性です。調べた湧き水はpH6～8の間にありました。水道の水は、pH7になっています。

③Fe（鉄）について（mg/ℓ）

　地下水や湧き水で鉄を多く含む水がたまにありますが、鉄分が多くなると金気くさくなり飲みづらくなります。飲用としては0.3mg/ℓ以下が適しているとされています。調査した中では、ほとんどが0.2mg/ℓ以下でした。

④TH（全硬度）について（mg/ℓ）

　カルシウムとマグネシウムの合計量をあらわしています。硬度200以上の水は硬水、100以下を軟水といいます。日本の水はほとんど軟水で、今回調査した中では、硬度10～150の範囲でした。ほとんどが100以下です。硬水はしつこい味がし、軟水は淡白です。硬度が高くなると、ミネラル分も全般に多くなります。厚生労働省の「おいしい水研究会」による基準では、10～100がおいしい水とされています。

　本書では116カ所を紹介していますが、近畿地方には400カ所を超える湧き水がありますので、今後も調査を続け、まとまり次第順次紹介していく予定です。

〈注意事項〉

　この湧き水調査の水質調査は、簡易検査です。詳しい調査が必要な場合は、検査機関に依頼しましょう。

　また、持ち帰った水は長く置かず、飲用する場合は煮沸することをお願いします。

「湧き水サーベイ関西」代表　柴山元彦

●目次

はじめに 1

大阪 1 高山マリアの泉 7
2 泉原の湧き水 10
　いずはら
3 玉の井 13
4 垂水の神水 15
5 清水大師 18
6 行者湧水 20
7 離宮の水 23

京都 1 磯清水 27
2 長命いっぷく水 30
3 質志鍾乳洞湧水 32
　しずし
4 真名井の清水 34
5 真名井の水 36
6 長寿の滝 38
7 貴船の神水 40
8 染井 44

　　　　9　祇園神水　　51

　　　　10　伏見の御香水　　56

　　　　11　亀の井　　67

兵庫　*1*　独鈷水（とっこみず）　　70

　　　2　二見の清水　　73

　　　3　福寿の水　　75

　　　4　高中（こうなか）の水　　78

　　　5　夏谷の名水　　80

　　　6　松か井の水　　82

　　　7　青倉神社の神水　　84

　　　8　亀の水　　87

　　　9　脇川の念仏水　　90

　　　10　妙見の水　　93

　　　11　広田神社の御神水　　96

　　　12　御井（おい）の清水　　98

　　　13　船瀬の閼伽水（あかすい）　　101

　　　14　大師の水　　103

　　　15　湯谷薬師の水（閼伽水）　　106

　　　16　牛王水（ごおうすい）　　108

　　　17　筒井の清水　　110

奈良　*1*　松尾寺霊泉　　112

2 狭井神社の御神水〔薬井戸〕　115

　　　3 高見の郷の湧き水　118

　　　4 宇太水分神社湧水　120

　　　5 ごろごろ水　123

和歌山 *1* 吉祥水　127

　　　2 黒牛の清水　130

　　　3 瑠璃井　132

　　　4 瑠璃光薬師霊泉　134

　　　5 野中の清水　136

　　　6 憑夷の瀧　138

　　　7 立神の水　142

滋賀　*1* 長浜八幡宮の御神水　145

　　　2 いぼとり水　149

　　　3 十王村の水　154

　　　4 世継のかなぼう　157

　　　5 衣トンネルの水　159

　　　6 清水鼻の清水　162

　　　7 金剛寺湧水　164

福井　*1* 亭の水　167

　　　2 イチョウの木の清水　170

3　甘露泉　174

　　　4　板垣トンネルの水　177

　　　5　たらたら山白竜瀧の霊水　179

　　　6　御 清 水　182
　　　　　おしょうず

　　　7　御題目岩延命水　187

　　　8　コツラの清水　191

三重　*1*　木屋の水　194
　　　　　こや

　　　2　八重谷湧水　196

　　　3　頭 之水（知恵の水）　199
　　　　　こうべのみず

　近畿地方の湧き水分布　201

　本書掲載湧き水 MAP　202

　市販されているミネラルウォーターの
　　硬度（TH）と pH の比較　12

　湧き水めぐりに便利な道具　176

　おわりに　207

6

大阪　1

高山マリアの泉

豊能郡豊能町高山

　通称ロマンティック街道といわれている府道43号線を北上し、勝尾寺手前で左折して府道4号線に入ります。トンネルを抜けて、府道沿い北摂霊園の左手前に水場があります（数台駐車可）。

　交通機関利用なら、北大阪急行「千里中央駅」より阪急バスで「霊園事務所前」で下車します。

　キリシタン大名として高名な高槻城主、高山右近生誕の地であり、泉には右近の母マリアの名前が付けられています。

　岩に深く差された竹筒から水が流れ出ています。15年ほど前、吹田の医師が自分の持病をこの水で治したそうです。また、すぐ横では、時々この付近で取れた野菜が100円均一で販売されています。

　水量は少ないが、場所がわかりやすいので、ポリタンクで水を取りに来る人が多くあります。「このまま飲用している」と言う若夫婦、「よく水汲みに来て普段飲んでいるけど、お腹を壊したことないよ」と言う釣り帰りのお父さんと息子さんのお話を聞くことができました。

〈湧き水データ〉水温：14℃（気温25℃）　pH：7　Fe：0.2以下
　硬度：20　周辺地質：砂岩、泥岩、チャートなど

高山マリアの泉

8　大阪

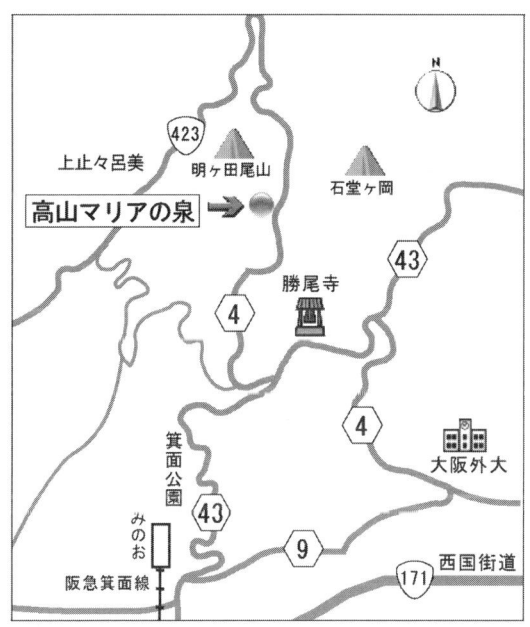

周辺たちよりスポット

○キリシタン遺物史料館（TEL072－649－3443）

　昭和62年9月にオープンした茨木市立キリシタン遺物史料館は、「隠れキリシタンの里」として有名な千提寺にあります。

〔所在地〕千提寺262　阪急バス忍頂寺行「千提寺口」下車徒歩15分

○忍頂寺スポーツ公園（TEL072－649－4402）

　家族・グループでのスポーツ・レクリエーション施設。グランド・テニスコート・ハイキングコース・わんぱく広場などがあり、多くの人でにぎわっています。　　　　　　（亀田）

大阪　2

泉原の湧き水
いずはら

茨木市泉原

　阪急電鉄「箕面駅」より車で府道43号線を北上し、約10分で府営無料休憩所につきます。ここまでの車道脇では「箕面のおさるさん」が出迎えてくれることでしょう。そこから約5分で勝尾寺にでます。そのまま約10分走ると「茨木高原CC」の看板があり左折します。左手の何体かのお地蔵さんを通り過ぎて、左側道に入ります。対向車が無いことを願いながら約6分林道を走ると、行き止まりに5台ほどの駐車スペースがあり、そこが湧き水の場所です。

　行き止まりから手前右の岩の間から3カ所で、水が吹き出ています。水量は多く、ポリタンクを積んだ車や、休日には子ども連れで、水取りに来ている人の姿も見かけました。

　平成7年水質基準の一部改正により、原水については一項目に水質基準に適合しないとの判定があったので、注意して利用することが表示されています。その表示は、以下のようなものです。

(pH7.6、マンガン0.005未満、鉄0.01未満、塩素イオン4.3、フッ素0.24、硝酸性窒素及び亜硝酸性窒素0.34、過マンガン酸カリウム消費量0.9、ヒ素0.023、大腸菌群＋)

〈湧き水データ〉水温：15℃（気温28℃）　　pH：7.5　Fe：0.2以下
　硬度：50　周辺地質：砂岩、泥岩チャートなど

泉原の水

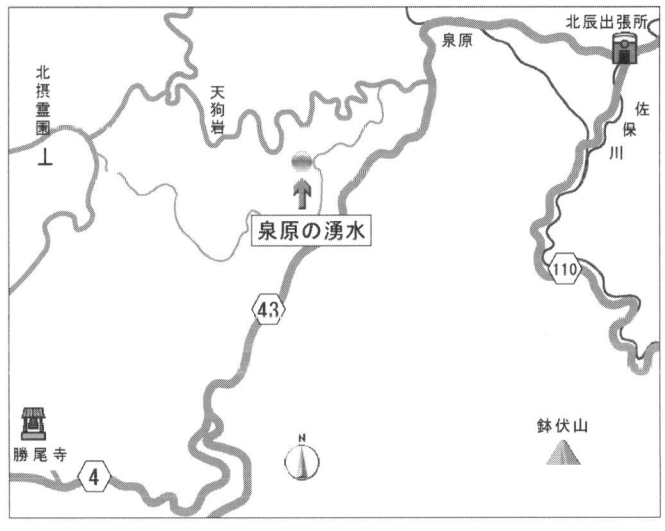

泉原の湧き水　11

周辺たちよりスポット

○**勝尾寺**（TEL072-721-7010）

　勝運祈願で名高い勝尾寺の境内のあちらこちらには、勝ダルマが鎮座しています。西国三十三所の二十三番札所でもあります。

○**箕面の滝**（箕面市観光案内所 TEL072-723-1885）

　北摂の紅葉の名所として多くの人が気軽に訪れるところです。阪急箕面駅から大滝まで徒歩40分です。途中の旅館や土産物屋の日本家屋が懐かしく趣があります。　　　　　　　（亀田）

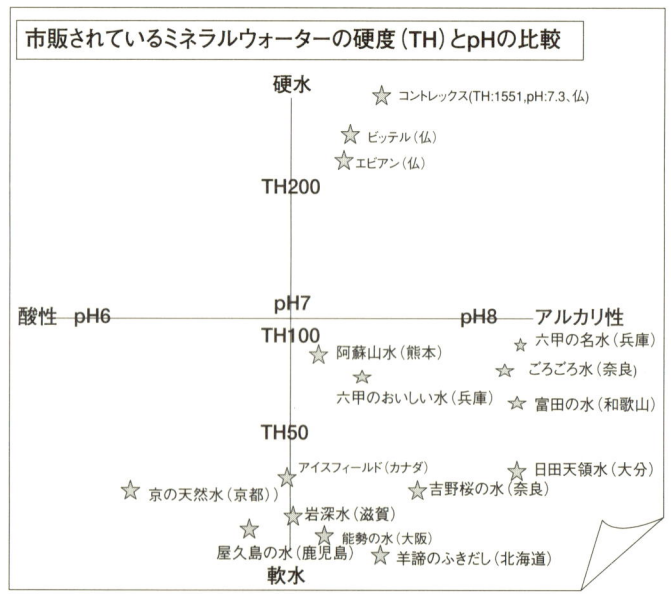

大阪 3

玉の井

茨木市三島丘

　阪急京都線「総持寺駅」より徒歩12分、あるいは阪急京都線「茨木市駅」より近鉄バス三島丘住宅前行か東和苑住宅行に乗り、疣水(いぼみず)神社前で下車します。

　車では国道171号線を茨木ICより東へ走り、西河原の交差点を右折してすぐにあります（数台分の駐車場有り）。

　磯良(いそら)神社（通称疣水神社）の境内に「玉の井」があります。当神社はもともと天照御魂神社の境内社であったといわれています。昔、神功皇后が新羅への出陣に際し、天照御魂神社に御祈願され、「玉の井」でお顔をお洗いになられた時、その美し

磯良神社の玉の井

いお顔が疣や吹出物に覆われて、醜い男のようなお姿になられました。これを「御神慮のたまもの」と皇后は男装されて見事な戦果をおさめられました。その後、再び「玉の井」でお顔をお洗いになると、たちまちもとの美しさに戻られたという伝承が残っています（磯良神社 TEL0726－22－4815）。

　ポリタンク持参でお水をもらいに来られる姿を何組も見かけました。そのお水は一度神前にお供えし拝礼してうけて帰ります。このお水でご飯を炊いたり、お茶にしたり、アトピーのある子どもさんの肌につけたりするうち、肌の状態が軽快したのでと遠方からお水取りに通う若いお父さんのお話も聞くことができました。

〈湧き水データ〉水温：17℃（気温28℃）　pH：6.5　Fe：0.2以下
　硬度：50　周辺地質：砂、れき、粘土など

　周辺たちよりスポット
〇茨木市立川端康成文学館
（TEL072－625－5978）
　ノーベル文学賞を受賞した川端康成は幼児期から旧制中学校卒業まで茨木で暮らしていました。そのため茨木市は「川端康成のゆかりのふるさと」としてこの文学館を設立しました（JR茨木駅より北東へ徒歩20分）。　　　（亀田）

大阪 4

垂水の神水

吹田市垂水町

　阪急千里線「関大前駅」か「豊津駅」で下車し、徒歩10分ほどで、住宅街の中に一山、うっそうと大木が生い茂っているのがわかります。その中に垂水神社を見つけることができます。

　車の場合は、国道423号線（新御堂筋）で江坂町の交差点を東に入り府道145号線を進み、阪急千里線の手前を左折すると垂水神社の前に出ます。

　この湧き水のある垂水神社には、『万葉集』に「いはばしる垂水のおかのさわらびの萌えいずる春になりにけるかも」と志貴皇子が詠んだ滝が、境内にありました。現在では社殿の北側にそのあとが残っています。また、日照り続きのときの雨乞いの神社でもあります。

　お水は神社の樹木を通って滴るせいか、木の香りがして甘みを感じます。また、神社の境内数カ所から湧き出ています。

〈湧き水データ〉水温：17℃（気温26℃）　pH：8　Fe：0.2以下
　硬度：50　周辺地質：砂、れき、粘土など

　周辺たちよりスポット
○吹田三名水
　佐井寺の「佐井の清水」と、今は遺跡が祀られている「泉殿宮」とこの垂水の水が吹田の三名水といわれています。

垂水の水

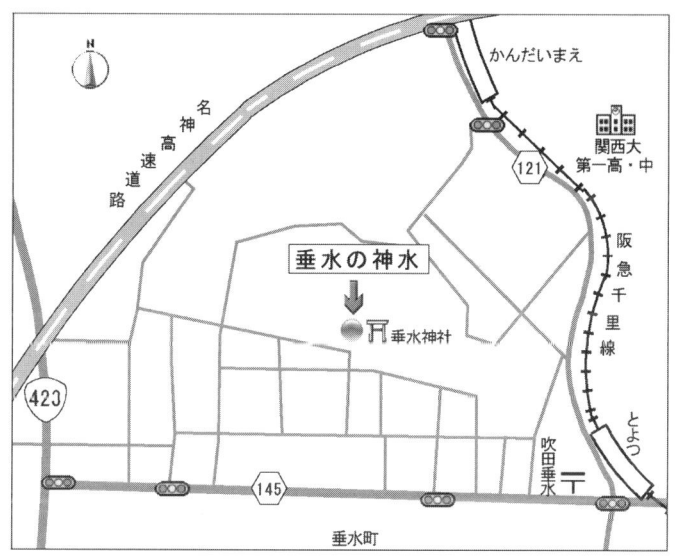

○**大阪府営服部緑地**（TEL06－6862－4945）

　江坂町の交差点から新御堂筋を北へ向かうと、すぐに服部緑地公園があります。「日本の都市公園100選」に選ばれている広大な総合公園です。
　　　　　　　　　　　　　　　　　　　　　　　　（亀田）

大阪 5

清水大師

堺市平井

　泉北高速鉄道「深井駅」下車。鉄道高架に沿って約1km歩き、東山西という交差点で西に曲がり200mほど行ったところを南に曲がります。しばらく行くと清水大師参道という石碑があります。平井の集落の中のこんもりとした大樹の付近にお堂があり、その脇に水汲み場があります。

　この湧き水の最寄駅名の深井という地名は、この付近一帯に古くからある地名です。そのいわれは、昔、行基がここで村の人に深い井戸を掘り、村の人々の生活をよりよくしたといわれています。そのため「深井」といわれるようになりました。その井戸は深井中町の外山家の井戸や、深井清水町の善福寺(ぜんぷくじ)の井

清水大師の水汲み場

戸などといわれていますが、現在では、両方とも埋め立てられています。

聖武天皇の時代、1300年近く前この地方が大旱魃になったとき、百姓長左衛門がこの地で湧き水を発見し、そこを掘ると清水が噴出してきたといわれています。そのおかげで、飲み水がいきわたり多くの人の命を救いました。千利休、豊臣秀吉はこの水を茶用に使うため、毎日大阪城に運ばせました。

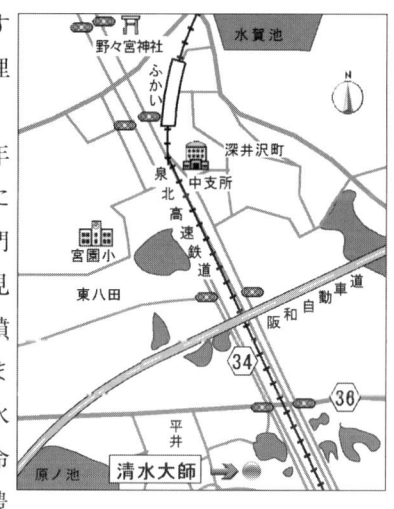

住宅街の中に参道があり、その道の突き当たりにお堂があります。その中に井戸があり、井戸からポンプでくみ上げ、蛇口から井戸水が出るようにしてあります。

〈湧き水データ〉水温：20.4℃（気温28℃）　pH：6.8　Fe：0.5　硬度：30　周辺地質：砂、れき、粘土層

　周辺たちよりスポット
○**野々宮神社**（堺市深井清水町3839）
　泉北高速鉄道「深井駅」のすぐそばにある神社です。古くから農業の神様で、近郊の村々の守護神として崇められてきました。1万㎡もある境内は、木々が多く森のようです。（柴山）

大阪　6

行者湧水
（ぎょうじゃゆうすい）

河内長野市石見川

　南海高野線、近鉄長野線「河内長野駅」より、南海バスで石見川行きに乗り、終点で降ります。車の場合は国道310号線を河内長野駅から五条方面に走り、大阪府と奈良県の県境にある金剛トンネルの手前が石見川です。道路わきに水場があり、駐車場は道路を挟んで反対側にあります。

　この場所は金剛山（1125m）の中腹に当たり、周辺にも湧き水が多いところです。その中でもこの湧き水は古くからおいしい水として、地元の方々に利用されてきました。言い伝えでは、修験道を開かれた役行者が吉野山、大峰山、金剛山を修験道場とされ、その折にこの湧き水も飲まれたことから、村の人たちは「峰の行者さん」としてこの湧き水を5月のお祭りにお供えし飲用する習慣があったとのことです。

　道路わきの水汲み場には、多くの方がポリタンクをたくさん持参し水を汲まれていました。水量も多くおいしい水でした。

〈湧き水データ〉水温：13.4℃（気温10.1℃）　pH：7.5　Fe：0
硬度：50　周辺地質：花こう岩

周辺の湧き水
○**おおそ柿の水**　国道310号線を行者湧水より少し下ったところの小深の里に入る付近にあります。昔から村の人たちによって

行者湧水

おおそ柿の水

水場が管理されていて水を気持ちよく汲めるようにされています。

〈湧き水データ〉水温：12.9℃（気温11.6℃）　pH：7.5　Fe：0
　硬度：50　周辺地質：花こう岩

周辺たちよりスポット

○ウッディハート（TEL0721-74-0911）

　小深から新千早トンネルをぬけて府道705号線を金剛山ロープウェイ乗り場に向かうと丸太でできた素敵な山小屋が見えてきます。

　喫茶、食事、お土産を買いに寄るとよいでしょう。カレ葉のひとり言（ベーコンときのこのカレー）、クリーム雑炊、湧き水で打ったおそばなどを楽しめます。

(柴山)

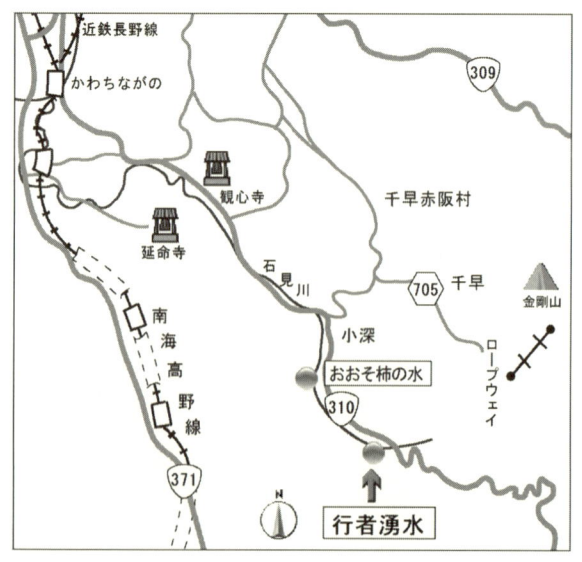

大阪　7

離宮の水

島本町

　JR東海道線「山崎駅」で下車し、徒歩で府道67号線を南に約2km行きます。途中で水無瀬川を渡りしばらく行くと左手にこんもりとした木々で囲まれた水無瀬神宮が見えてきます。この神社の中に湧き水があります。車の場合は、名神高速道路の大山崎ICで降り、国道171号線を南に行きます。江川の交差点を西に入ると水無瀬神宮に出ます。

　この湧き水のある水無瀬神宮は、祀られている後鳥羽上皇の水無瀬離宮跡に造られました。すぐ近くには水無瀬川が流れ、その伏流水で地下水の豊富なところです。また、水無瀬神宮に

離宮の水

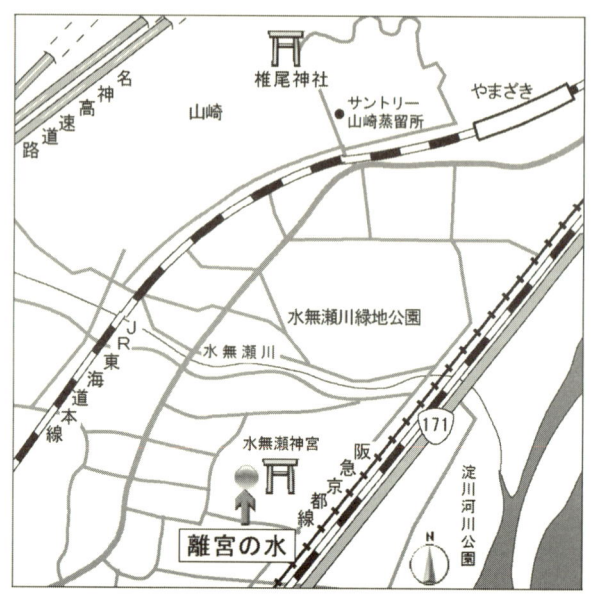

は、国指定の重要文化財である客殿や茶室「灯心亭」などがあり、ゆっくり見学することができる静かな場所です。

　離宮の水は環境庁(現・環境省)の名水百選に大阪府では唯一選ばれた名水です。神門をくぐってすぐ左手にある手水舎のところで水が流れ出ています。またその後ろには蛇口もつけられていて、多くの方が汲みに来られていました。

〈湧き水データ〉水温：18.1℃(気温：27.8℃)　pH：7.5　Fe：0
　硬度：50　周辺地質：砂岩、泥岩、チャート

周辺の湧き水

○ふれあいの水"蘆刈"　　(島本町大藪浄水場)

　谷崎潤一郎の「蘆刈」の中に水無瀬川あたりの情景を描写し

ふれあいの水 "蘆刈"

山崎の水

離宮の水　25

ている部分があります。島本町水道部が水無瀬川の伏流水を地下30mから汲み上げた水を、水道水として利用する一方、この地でも汲めるように施設を整えています（水無瀬神宮の南すぐ）。

○山崎の水（椎尾神社境内）

　サントリー山崎蒸留所の北に近接してある椎尾神社の境内に湧き水があります。背後の天王山麓から湧き出ている水です。

〈湧き水データ〉水温：17.8℃（気温25.4℃）　pH：7　Fe：0.5
　硬度：200　周辺地質：砂岩、泥岩、チャートなど

周辺たちよりスポット

○サントリー山崎蒸留所（TEL075－962－1423）

　「日本のウイスキーのふるさと」といわれる山崎のウイスキー蒸留所が見学できます。ウイスキーのできるまでをわかりやすく案内する「ウイスキー蒸溜所ガイドツアー」（10：00～15：00まで1時間ごと）がおすすめです。見学後には貯蔵庫を改修したゲストルームで「山崎12年」を試飲することもできます。所要時間約60分です。

○水無瀬の滝

　水無瀬川の支流で天王山から流れ出る滝谷川にかかる滝です。名神高速道路に沿ったわき道を入ったところにあり、約20mの落差で2段の滝になっています。涸れることなく流れ続けているため、昔は簡易水道の水源としても利用されていました。藤原定家の『明月記』には、後鳥羽上皇が水無瀬離宮に来られたときにこの滝も見に来られたことが記されています。

（柴山）

京都 1

磯清水
<small>いそしみず</small>

宮津市字文殊

JR宮津線「天橋立駅」を下車し徒歩15分です。車の場合は国道178号線を野田川町から宮津市に入り府道2号線で天橋立駅付近の駐車場に止め、そこから天橋立内を歩いて北上します。駐車場から橋を渡り約900mで松林の中に「磯清水」の矢印がありますので、その方向に進むと磯清水の井戸が見えてきます。

日本三景の一つである天橋立の砂州の中に湧き出た清水。天橋立の砂州はこの付近では幅わずか約50mしかなく、両側は

磯清水

天橋立の砂州の中ほどに礒清水が湧き出ている

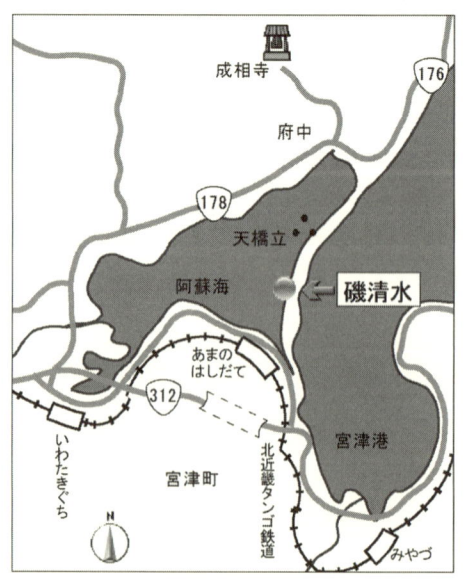

28 京都

海水が迫っています。砂州は細かな砂地でできていて、その中に井戸があり清水が湧き出ています。海の中にある砂州に湧き出た水が真水であることは不思議です。

つるべ落としの井戸があり、桶を水面に落として水を汲みます。地下水面は地表から約2mで、周辺の海水面とほぼ同じ高さにあるように見えます。海岸線からわずか約20mしかないにもかかわらず飲んでみると確かに真水です。

平安時代から利用されていたようで、和泉式部も「橋立の松の下なる磯清水　都なりせば君の汲ままし」と詠っています。このように古くから利用され現在でも井戸には真水が絶えることなく満たされていることには驚きを感じます。

磯清水は日本名水百選の一つでもあります。

〈湧き水データ〉　水温：12.9℃（気温7.2℃）　pH：5.4　Fe：0.2以下　硬度：50　周辺地質：沖積世の砂層

周辺たちよりスポット

○**天橋立**　安芸の宮島、仙台の松島と並んで日本三景の一つに数えられている名勝地です。宮津湾に伸びる長さ約3.6kmの砂州で、最大幅は170mです。

○**成相寺**　西国三十三所観音霊場の第二十八番札所。天橋立駅の対岸にある山腹付近のお寺。そこから山頂まで登ると天橋立を展望できるすばらしい景色を見ることができます。（柴山）

京都 2

長命いっぷく水
（ちょうめい）

与謝郡岩滝町

　北近畿タンゴ鉄道岩滝口駅で下車し、徒歩で約1時間かかります。車の場合は国道176号線を福知山方面から北進すると、北近畿タンゴ鉄道岩滝口駅手前で国道178号線へ左折します。岩滝町役場前で県道615号線へ左折し、大内峠に向かいます。峠の手前の道路際に長命いっぷく水の祠があります。

　長命いっぷく水のすぐ横に「一字観公園」があります。

　徳川時代の峰山藩の参勤交代のときに使われた道であったり、また海上貿易の拠点であった岩滝町へ往来する人々がこの

長命いっぷく水

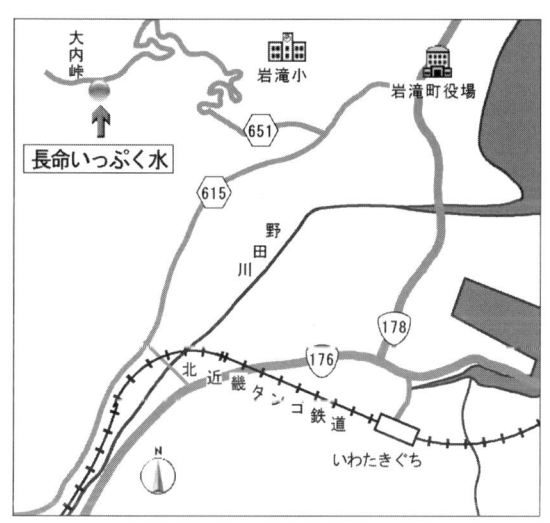

峠で景色を眺めて一服していたところといわれています。

　湧き水の場所には屋根がつけられ、いっぷく地蔵尊が祀られています。道路際で汲みやすいこともあって多くの方が汲みに来られていました。飲んでみると飲みやすいマイルドな感じがします。

〈湧き水データ〉水温：11.9℃（気温13.4℃）　pH：5.0
周辺地質：花こう岩

　周辺たちよりスポット
○一字観公園　（TEL 0772-46-0052）
　大内峠の近くにあり、展望台から天橋立を見ると海に一の字を書いたように見えます。春は桜、秋は紅葉の名所でもあり、景観の美しさは多くの人々を楽しませています。　　　（柴山）

京都 3

質志鍾乳洞湧水
しずししょうにゅうどう

船井郡瑞穂町

　JR嵯峨野線「園部駅」からJRバスで約30分乗り桧山駅で下車します。さらに町営バスに乗り換えて約30分、鍾乳洞口で下車します。バスを降りて鍾乳洞公園のほうに歩いて行くとすぐ道際に看板があります。

　生垣で囲まれた質志鍾乳洞湧水は、質志鍾乳洞公園の中にあります。この付近の山は、約2億年前の砂岩、泥岩、チャート、石灰岩などでできています。特にこの湧き水のある付近は、石灰岩が多く分布しているところです。また、鍾乳洞もいくつかあります。

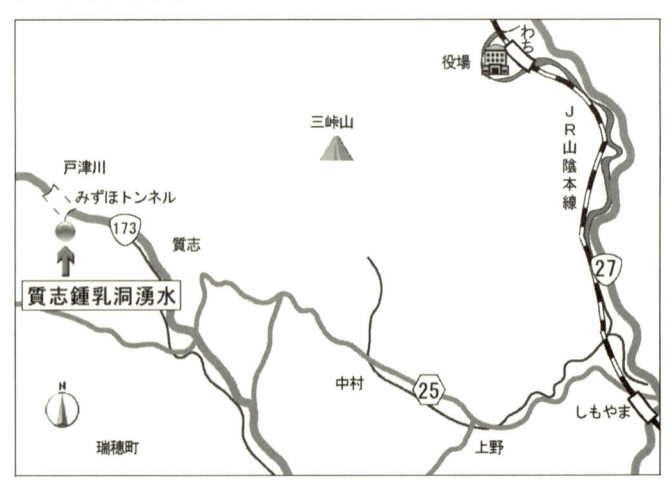

32　京都

質志鍾乳洞の湧き水

　湧き水は生垣の中にある石積みの間から湧き出しています。鍾乳洞地帯では石灰岩が多く分布しています。ここの湧き水も石灰岩の中を通ってきているため硬度が高くなっています。

〈湧き水データ〉水温：11.8℃　（気温11.6℃）　pH：6.5　Fe：0.2以下　硬度：100　周辺地質：石灰岩、砂岩、泥岩、チャート

　周辺たちよりスポット

○**質志鍾乳洞公園**（TEL0771-86-1725）

　この湧き水のある場所が、質志鍾乳洞公園です。京都府で唯一の鍾乳洞です。ここではめずらしい縦穴の鍾乳洞を見学することができます。有料ですが、地底探検を楽しんでください。

（柴山）

京都 4

真名井の清水
（まない）

舞鶴市公文名

　JR舞鶴線「西舞鶴駅」下車、徒歩で約10分です。車の場合は国道27号線を綾部方面から北進し、西舞鶴駅の少し手前で北近畿タンゴ鉄道の陸橋をくぐります。すぐに県道74号線を右に折れるとJR舞鶴線の踏切がありそれを渡るとすぐ右側に真名井の清水があります。

　真名井の清水はその前にある「家具の田中舞鶴店」の駐車場内にあります。伝説によると、この近くに真名井という地域があり、その地に豊受大神（とようけおおかみ）が降臨されたときに湧き出た清水といわれています。真名井の清水の源泉は、この道を少し南に500mほど行ったところに小川があり、そこに田辺藩名水真名井水と書かれた石碑が建てられたところです。

　この源泉の場所では、水を汲むことができないため「家具の田中舞鶴店」前の水汲み場を利用ください。地下13.5mから汲み上げられ、蛇

真名井の清水

口もつけられていて水を汲みやすくしてあり、近隣の方々が汲みに来ておられました。このほか、西市民プラザの横にも水汲み場があります。

〈湧き水データ〉水温：15.2℃（気温13.7℃）　pH：5.7　Fe：0.2以下　硬度：50　周辺地質：砂、れき、粘土

周辺たちよりスポット

○松尾寺　東舞鶴の東方にある青葉山中腹にある西国三十三所観音霊場の第二十九番札所です。馬頭観音を本尊としている珍しい観音像です。

○田辺城　西舞鶴駅の北にあるこの城は、別名「舞鶴城」といわれ、舞鶴の地名はこれに由来しています。　　　　　（柴山）

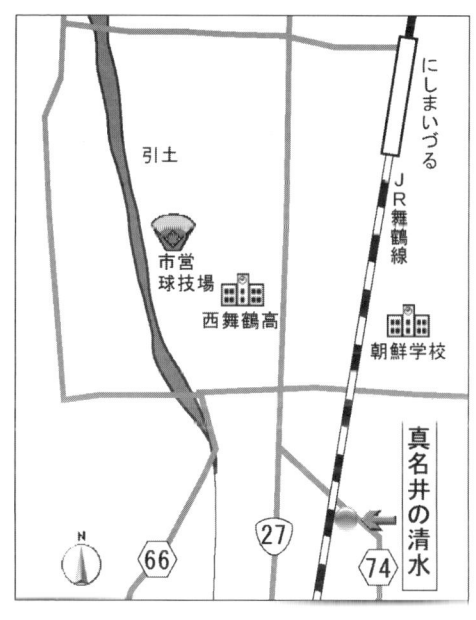

京都 5

真名井の水
まない

亀岡市千歳、出雲神社内

　JR山陰線「亀岡駅」で下車し、京都交通バスに乗り15分で出雲神社前に着きます。車の場合は京都縦貫道千代川ICを出て右折、府道73号線をまっすぐ進みます。湧き水は出雲神社境内にあります。

　出雲神社の境内に湧く名水で、真名井の水といわれています。この神社は和銅2年（709年）に創建され、大国主命と三穂津姫命が祀られています。『徒然草』にも記載されたこの神社の社殿は国の重要文化財にも指定されています。

　真名井の水は境内にあり、背後の山は、約2億年前の砂岩や石灰岩などの地層と約1億年前のマグマの貫入でできた変成岩

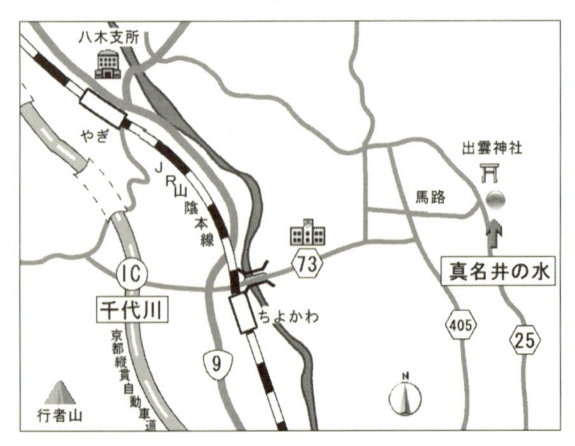

真名井の水

でできています。これらの岩の中を通って出てきた湧き水です。表示には「金、銀、珪石、カルシウムなどミネラル成分が豊富で、延命長寿水として、飲み水やコーヒーなどに使われている」と書かれていました。

〈湧き水データ〉水温：15.4℃ （気温28.3℃） pH：7.5 Fe：0 硬度：50 周辺地質：砂岩、泥岩、石灰岩、チャート、ホルンフェルスなどの岩石

周辺たちよりスポット
○そば処出雲庵（TEL 075-25-2114）
　神社の入り口近くに真名井の名水で打った蕎麦を食べさせてくれるお店があります。十割そばは、昼過ぎにはなくなるとのことです。こしのあるおいしいそばで、薬味もいろいろあり、さまざまな味わいかたができます。　　　　　　　　（柴山）

京都 6

長寿の滝

亀岡市稗田野町佐伯垣内亦

　JR 山陰線「亀岡駅」下車、京都交通バスで15分、佐伯で下車します。車の場合は京都縦貫自動車道亀岡 IC を出て5分で、湧き水は稗田野神社境内にあります。

　稗田野神社の境内の名水で、長寿の滝といわれています。この神社は和銅2年（709年）に創建された古い神社で、鎌倉時代に作られた八角灯篭などがあります。

　長寿の滝は御神殿の中をくぐり出て、杉の巨木の根元から湧き出ています。横の立て札には、「全国で2番目においしいといわれている亀岡市の水がご本尊の中をくぐり、霊験あらたかな長寿の御幸水となって滝の口から出している。世界で1番短い滝」と書かれていました。

〈湧き水データ〉水温：19.7℃　（気温27.9℃）　pH：7　Fe：0

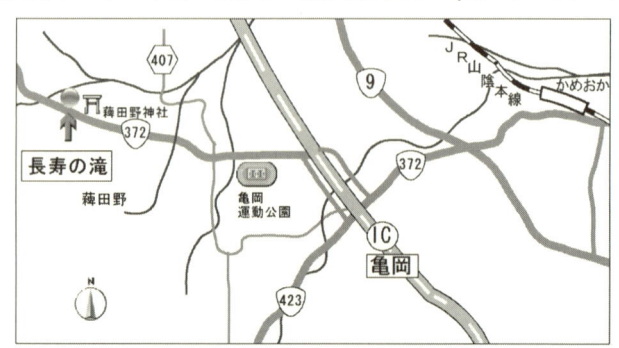

長寿の滝

硬度：20　周辺地質：花こう岩

　周辺たちよりスポット

○**酒の館**　丹波の名酒「鬼殺し」などの造り酒屋大石酒造が伝統の地酒を広く知ってもらうために展示館を併設しています。1階は瓶詰め工場と直売店、2階には酒造り資料展示室があります。丹波の名水を使った創業300年の伝統ある丹波の地酒を試飲することができます。別館の「酒喜庵」では休憩ができ民芸品などお土産を買うこともできます。

○**湯の花温泉**　京都の奥座敷として古くから知られた温泉です。泉質は単純弱放射能泉です。

○**周辺の湧き水**　長寿の滝以外に、稗田野には、「千手寺の霊水（千手寺境内）」、「朝日霊水（海蔵寺境内）」などの湧き水があります。

(柴山)

貴船の神水

京都市左京区鞍馬貴船町

　京阪・出町柳より叡山鉄道鞍馬行きで「貴船口駅」下車、貴船口駅〜貴船間を走る京都バス（冬季運休）5分、または徒歩30分です。車の場合は京都南ICから国道1号線を北上。さらに堀川通りを北上、上賀茂御園橋を渡って鞍馬・貴船方面へ右折、貴船口から貴船川に沿って上っていきます。左側に駐車場があります。本殿前の石垣から水がこんこんと湧いています。

　貴船神社（境内拝観自由）は鴨川の水源にあたることから、水を司る神として信仰を集めています。6月1日には貴船祭、7月7日に水祭りが催されています。霊泉に浮かべると文字が浮き出るおみくじ、水占みくじ（200円）が人気です。中宮は縁結びの神としても有名です。

　貴船は古く気生根や樹生嶺などといわれ、樹木の茂る山の守護神とされてきました。貴船の御神水は、貴船山から湧き出していて、信仰のための神聖な水として大切にされています。口に含むとまったりとして気分もさわやかな味です。フランス南部にある「ルルドの泉」の水は飲用し、沐浴すると病気が治るといわれています。貴船の神水も「ルルドの泉」に匹敵する高いメンタル波動（悲しみや恨みの感情を癒す波動）が出たそうです。「日本のルルドの泉」と健康雑誌に紹介され、水を汲みに来る人が絶えません。立て看板には水五訓が書かれ、水ととも

貴船の神水

に暮らす作法がわかります。

〈湧き水データ〉水温：13.6℃（気温15.6℃）　pH：7.8　Fe：0.2
　硬度：100　周辺地質：砂岩、泥岩、チャート

周辺の湧き水

○九十九折の湧き水　鞍馬山（京都市左京区鞍馬）

　ここの湧き水は鞍馬寺の表参道の九十九折にあります。叡山鉄道「鞍馬駅」下車、徒歩20分で、仁王門をくぐり坂道を上がると由岐神社があります。ここを越えると、清少納言が『枕草子』に「近うて遠きもの、くらまの九十九折りといふ道」と書かれた、くねくねと曲がった緩やかな坂、九十九折があります。中ほどに「つづらをり　まかれるごとに水をおく　やまのきよさを汲みてしるべく　香雲」と、書かれた石碑の下の道端で、ちょろちょろと湧き出ています。昔は鞍馬寺に参拝の道

鞍馬寺の閼伽井

中、自慢の水でのどを潤して一休みしていたのでしょう。水は冷たくて疲れも飛んでしまうすっきり感があります。

〈湧き水データ〉 水温：13.1℃（気温14.8℃）　pH：8.5　Fe：0.2
　硬度：80　周辺の地質：砂岩、泥岩、チャート

○**鞍馬寺の閼伽井**　鞍馬寺（京都市左京区鞍馬）

　この湧き水は鞍馬寺の閼伽井護法善神社にあります。九十九折の参道が終わり石段を上がっていくと鞍馬寺の本殿金堂が見えます。本殿金堂は鞍馬山信仰の中心道場で、祈りを捧げられています。この右側が水の神様・閼伽井護法善神社です。

　千年ほど昔に修行中の峯延上人を襲った大蛇がいたそうです。雄の大蛇は倒されましたが、雌の大蛇は本殿に捧げるお香水を永遠に絶やさないことを条件に命を助けられ、ここに祀られたとのことです。水への感謝をあらわす古式、「鞍馬山竹伐り会式」が6月20日におこなわれています。大蛇に見立てた青

竹を伐り、その早さを競っています。

〈湧き水データ〉水温：13.8℃（気温17.0℃）　pH：8.0　Fe：0.2
　硬度：50　周辺の地質：砂岩、泥岩、チャートなど

　周辺たちよりスポット

○**鞍馬温泉**（TEL075-741-2131）

　鞍馬寺周辺から格子戸のある家並みが続いた外れにあり、ミネラルを含んだ天然硫黄泉、ちょっとした秘湯の趣があります。清流に面し、山に抱かれた四季折々の風情が楽しめます。

○**多聞堂**（TEL075-741-2045）

　名物「牛若餅」は、栃の実ともち米を蒸してつきあげています。栃の実の香ばしさと、自家製こしあんのほのかな甘さが懐かしい味で、お土産にするのなら参拝前に買ったほうがよいでしょう。

(榎木、橋村、富田)

京都　8

染井(そめい)

京都市上京区寺町通広小路上ル

　京阪鴨東線「出町柳駅」下車、西南へ徒歩15分で、市バスでは「府立病院前」下車、西へ徒歩3分です。車の場合は京都南ICから国道1号線を北上。河原町五条交差点を左折し河原通に入ります。府立医大病院前を左折し、寺町通りを右折します。京都御所清和院御門のすぐ横に梨木神社があります。茶室の隣の手水舎に澄んだ清水が流れています。

　梨木神社（境内拝観自由）は明治維新の功労者、三条実万、実美父子を祀っています。春は梨木通りの両側にあざやかな山吹が咲きます。また秋は細長く延びた参道を彩る紅白の萩が有名です。

　境内にはかつての京都三名水の一つ染井の水が湧き出ています。京都御所の隣という立地から、宮内御用の染所でした。この水で染物を洗うと美しい色が付いたことから「染殿」と呼ばれていたそうです。静かで落ち着いた場所ですが、常に水を求める人が出入りしています。行列ができる人気ぶりです。竹筒から流れ落ちる水はとても冷たく少し甘みのあるやわらかい味です。

〈湧き水データ〉水温：16.7℃（気温17.3℃）　pH：6.8　Fe：0
　硬度：65　周辺地質：沖積世の砂などの堆積物

染井

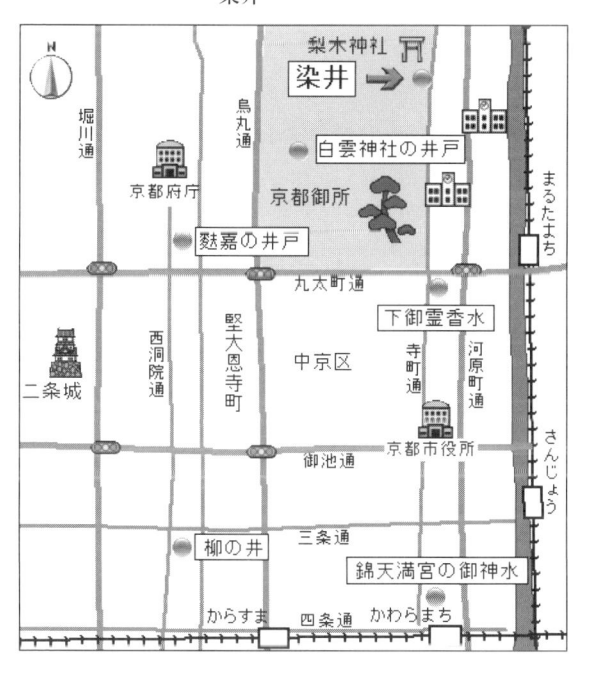

染井　45

周辺の湧き水

○白雲神社の井戸　京都御苑（京都市上京区）

　梨木神社の西隣、京都御苑の中の白雲神社に井戸があります。地下鉄烏丸線「丸太町駅」下車、丸太町通にある堺町御門、または烏丸通にある蛤御門より徒歩10分です。広大な苑内に静かでひっそりとした神社です。

　井戸水は昔より御神水とされ保存継承されてきました。くせのないおいしい水です。

〈湧き水データ〉水温：15.2℃（気温17.4℃）　pH：6.5　Fe：0
　硬度：55　周辺の地質：砂などの地層

○下御霊香水　下御霊神社（京都市中京区寺町通丸太町下ル、境内拝観自由）

　この湧き水は梨木神社より寺町通を南へ徒歩10分の下御霊神社にあります。京阪鴨東線「丸太町駅」下車、丸太町通を西へ徒歩8分です。

　境内には200年以上の歴史を持つ井戸があります。その井筒には、仮皇居の内侍所の建物を神社の本殿として移建した年、寛政3（1791）年の銘が刻まれています。昭和初期に一度は涸れましたが、平成4年に手掘りで甦りました。甘口の軟らかい水が喜ばれています。

　この神社は伊予親王とその母藤原吉子を主神として8人が祀られています。御霊神社独特の丸みを帯びた屋根が印象的です。もみじがうっそうと茂り、静寂が御霊を鎮めているように感じさせてくれます。

〈湧き水データ〉水温：17.3℃（気温27.9℃）　pH：6.5　Fe：0
　硬度：30　周辺地質：砂などの地層

下御霊神社の御香水

○麩嘉の井戸（滋野井）

　この湧き水は、府庁の南側の生麩で有名な麩嘉（京都市上京区西洞院椹木町北入、TEL075-231-1584）にあります。地下鉄烏丸線「丸太町駅」下車、丸太町通りを西へ西洞院通りを北へ徒歩10分です。

　平安時代この地は滋野邸で、主の姓から「滋野井」と名付けられ、王朝以来京洛七名水の一つに数えられてきました。しかし「滋野井」は涸れ、埋められてしまいましたが、麩嘉では掘りなおし地下60mから汲み上げられています。店の左側には誰でも水が汲めるようにしてあり、多くの人が汲みに来られています。

　麩嘉は代々御所へ生麩を納めてきた老舗で、おもに料理店へ納品しています。南禅寺麩、よもぎ麩、粟麩のほかに笹巻き麩、可愛い細工麩も作っています。小麦粉グルテンに餅粉を加

染井　47

錦天満宮の御神水

えて加工し独特の風合いがあります。敷地内にある四つの井戸水は良質で一年中水温の変化が少ないので、この水を使って手作りされた生麩は口当たりがよくやわらかいです。

〈湧き水データ〉水温：20.2℃（気温29.6℃）　pH：6.5　Fe：0
　硬度：75　周辺地質：砂などの地層

○錦天満宮の御神水　新京極（京都市中京区新京極通錦小路）

　この湧き水は新京極商店街の中、錦小路通の東端にある錦天満宮の境内に湧き出ています。阪急京都線「河原町駅」、市バス「四条河原町駅」下車、徒歩5分です（境内拝観自由）。

　御神水は地下30mからの湧き水です。竹筒を伝い美しく苔むした水船に流れ落ちています。良質で豊かな水量です。「知恵の神様、新京極に錦天神さん」と親しまれ、知恵が授かり学問向上のご利益があるといわれて多くの人が水を汲みに来ています。

柳の井

　御祭神は菅原道真で、境内には狭いながら多くの献灯がかかげられています。四季折々の花が咲き、さすが平安時代の創建と思わせる雅やかな神社です。本殿北側には光源氏のモデルといわれる河原左大臣　源　融(みなもとのとおる)を祀る神社があります。

〈湧き水データ〉水温：20.3℃（気温25.2℃）　pH：6.5　Fe：0
　硬度：50　周辺地質：砂などの地層

○柳の井　馬場染色工業株式会社（京都市中京区西洞院通三条下ル）

　この湧き水は馬場染色工場の玄関口にあります。市バス「堀川三条」下車、三条通りを東に進み西洞院通りを右折するとすぐです。地下100mから汲み上げられています。

　ここは織田信長の息子、信雄の屋敷跡で、邸内の湧き水を千利休が茶の湯に愛用していました。利休が、井戸の水に直接日光が当たらないよう柳を植えたことから「柳の水」と呼ばれて

います。

　江戸時代には紀州徳川家の京屋敷となり、現在は黒染めの老舗となっています。柳の水が黒紋付などの黒染めの美しさの鍵となっています。ここでは黒染めシルクやハンカチなどの販売もしており、二階喫茶室では柳の水で入れた抹茶やコーヒーが飲めます。近所の人たちも利休がこよなく愛したこの水を汲みに来ています（1ℓにつき20円の維持費が必要）。

〈湧き水データ〉水温：24.1℃（気温26.2℃）　pH：6.8　Fe：0
　硬度：50　周辺地質：砂などの地層

周辺たちよりスポット

○嘉木　（TEL075-211-3421）
　寺町通を二条通より北へ行くと一保堂茶舗があり、中に喫茶室嘉木があります。ここの井戸で汲まれた水でのおいしいお茶と和菓子をリーズナブルなお値段でいただくことができます。

○錦市場　錦小路通
　"京都の台所"といわれ約400mの道の両側に140店ほどの店があります。鮮魚、京漬物、京野菜をはじめ豆腐、湯葉、生麩、お茶、お菓子などの専門店が並んでいます。観光客も多くにぎわっています。

（榎木、橋村、富田）

京都　9

祇園神水
（ぎおんしんすい）

京都市東山区祇園町北側

　京阪本線「四条駅」下車、四条通を東へ徒歩6分で、市バスでは「祇園」下車です。車の場合は京都南ICから国道1号線を北上し、東山五条交差点を左折し東大路通に入ります。祇園交差点手前に八坂神社の駐車場があります。八坂神社の本殿東側にある鳥居横の木々が茂る根もとに御神水があります。竹筒から湧き出ています。

　八坂神社（境内拝観自由）は京の人々からは「祇園さん」と呼ばれています。厄除け、疫病退散、商売繁盛のご利益を授かる神社として親しみ深く、祇園祭もこの社のお祭りです。境内から東に続いて広がる円山公園は夜桜で有名です。

　八坂神社の伝承によると、本殿の下の竜穴と呼ばれる底無し井戸には平安京を守護する青龍が住み、神泉苑の池に繋がっているといわれています。長い縄を150m程垂らしても水底には届かなかったそうです。祇園神水は地下90mから汲み上げられ、清涼感あふれる水で汲む人の列が絶えません。また「力水」とも呼ばれ、この水を飲みその並びにある美御前社へお参りすると"美人"になると有名で、祇園の舞妓さんたちも愛用しています。

〈湧き水データ〉水温：17.1℃（気温18.1℃）　pH：6　Fe：0
硬度：60　周辺地質：沖積世の砂などの堆積物

祇園神水

音羽霊水

52　京都

周辺の湧き水

○**音羽霊水**　清水寺（京都市東山区清水１丁目）

「音羽霊水」は清水寺にあり八坂神社からも歩けます。市バスは「五条坂」か「東山五条」下車、徒歩10分です。車の場合は東山五条交差点から東大路通に入り、すぐの五条坂交差点を右折、道なりに進んだ先に駐車場があります。そこから徒歩5分です。

　西国三十三所第十六番札所である清水寺の舞台は有名でここからのながめは最高ですが、境内に流れる音羽の滝も参拝した人たちは必ず立ち寄っています。こんこんと流れ落ちる水は、清水寺の名前の由来になっており、「黄金水」、「延命水」と尊ばれています。三つの滝筋に分かれ、右から健康長寿、学業成

就、家内円満・縁結びと、それぞれの水にご利益があります。柄の長いひしゃくを使って水の勢いに押されながら清水を汲みます。

〈湧き水データ〉水温：15.8℃（気温20.2℃）　pH：6.5　Fe：0　硬度：40　周辺の地質：砂岩、泥岩、チャート

○平安の瀧　長楽寺（京都市東山区円山町）

　この湧き水は、円山公園の東奥の長楽寺にあります。長楽館を左手に過ぎたら案内の看板があり参道を上って行きます。ここは平清盛の娘、建礼門院が出家した寺としても知られています。

　境内には山腹より湧き出ている滝水があり、この滝を「平安の瀧」と呼んでいます。滝壺を囲む石壁には多くの石仏が刻まれ、古来よりの荘厳な行場の趣をとどめています。滝水をひいた池があり、東山の自然をとりいれた庭として有名です。この水は「八功徳水」と呼ばれています。八種の功徳とは甘く、冷たく、やわらかく、軽く、清らか、無臭、飲時不損喉、飲已不傷腹のことです。

〈湧き水データ〉水温：14.3℃（気温17.6℃）　pH：7.2　Fe：0　硬度：40　周辺地質：砂岩、泥岩、チャートなど

周辺たちよりスポット

○カトレア（TEL075－531－5848）

　八坂神社前の四条通北側に面したこの喫茶店では御神水が飲めます。八坂神社の中にある疫神社が元はこの地にあり、喫茶店の中に井戸が残っています。御神水を使ったコーヒーもやわらかい味でほっとします。

平安の瀧

○茶寮　清坂亭（TEL075-541-9575）

　地方の器が楽しめる朝日陶庵内に茶寮清坂亭があります。清水坂で細長い通路に小さなかわいい陶器の小物が目印です。にぎやかな表通りとは別世界で、京の町並みを一望しながら食事ができます。
　　　　　　　　　　　　　　　　　　　　（楞木、橋村、富田）

京都　10

伏見の御香水

京都市伏見区御香宮門前町

　京阪本線「伏見桃山駅」、近鉄京都線「桃山御陵前駅」下車、東へ徒歩5分です。車の場合は国道24号線を京都から南下し、御香宮前交差点で右折、すぐに御香宮神社があります。伏見城の大手門だったという表門をくぐり参道をまっすぐ進みます。きらびやかな拝殿、風格のある本殿が見えます。その本殿の左脇に御香水があります。

　伏見は京都東山山系の森の地下を数十年かけて流れてきた地下水にめぐまれているといわれています。ミネラルを適度に含

伏見の御香水

んだ良質の伏水は、御香宮神社、桃山御陵駅前の商店街にあるトレビの泉や各酒造り店の酒蔵など数多くあります。そのなかでも選ばれた七つを伏見七名水とよんでいます。

　平安時代に突然境内で香りの良い霊水が湧き出たそうです。「この水を飲むと病気が治り願い事も成就する」と評判を聞かれた清和天皇が「御香宮」という名をあたえました。それが「御香水」となったといいます。現在の御香水は、明治のころから涸れていたのを地下150mから汲み上げ復活させています。まろやかな味でおいしく多くの人が汲みに来ます。御香水は日本名水百選の一つでもあります。

〈湧き水データ〉水温：16.8℃（気温15.5℃）　pH：6.5　Fe：0
　硬度：80　周辺地質：扇状地の砂などの地層

　周辺の湧き水
○伏見トレビの泉　SATY向かい（京都市伏見区御堂前町）
　この泉は大手筋商店街から一筋入ったSATY向かいにあります。京阪本線「伏見桃山駅」下車、西へ徒歩5分です。
　湧き出し口からの水量が多く、2ℓのペットボトルもあっという間に満杯です。この速さとさわやかな味が人気で汲みに訪れる人が絶えません。ローマ風の愛らしいこの泉は大手筋商店街の憩いの場になっています。

〈湧き水データ〉水温：18.7℃（気温31.0℃）　pH：6.5　Fe：0
　硬度：70　周辺地質：扇状地の砂などの地層
○さかみづ　月桂冠大蔵記念館（京都市伏見区南浜町、TEL075－623－2056）
　この湧き水は月桂冠大蔵記念館内の月桂樹の横にあります。

京阪本線「中書島駅」下車、北へ徒歩5分。車の場合は国道1号線を京都南ICから南下。大手筋を左折して竹田街道を右折、ENEOSガソリンスタンドを左折、突き当りを右折すると月桂冠大蔵記念館です。

　古くは酒の異名でもあった栄え水から「さかみづ」と名付けられました。くせのないやわらかな味で、伏見の清酒特有のまろやかな口当たりを生み出すには大切な水です。地下50mから汲み上げられています。

　ここは月桂冠が酒蔵を改造した館で酒造りの道具や古い酒ビン、ラベルなどの資料が展示されています。限定販売「ザ・レトロ」の試飲もできるうれしいおまけ付きです。

〈湧き水データ〉水温：14.6℃（気温13.3℃）　pH：6.5　Fe：0
硬度：80　周辺地質：扇状地の砂などの地層

○白菊水　鳥せい本店（京都市伏見区上油掛町、TEL075－622－5533）

　この湧き水は鶏料理の店「鳥せい本店」の駐車場で道行く人々に開放されています。月桂冠大蔵記念館から北に徒歩2分です。

　古く仙人の育てた白菊の一滴より湧き出たということから「白菊水」と名付けられました。やわらかい水で女性に人気の酒の源になっています。水汲みに訪れる人が絶えずいつも行列ができています。

　老舗造り酒屋の山本本家が始めた鳥せいは、大正初期の酒蔵をそのまま利用したクラシカルで落ち着いた雰囲気の店です。蔵出しのおいしい日本酒と産地直送の地鶏を使った130種類もの鶏料理が揃っています。店内では冷えた白菊水を自由に飲む

ことができます。

〈湧き水データ〉水温：14.7℃（気温11.6℃）　pH：6.5　Fe：0
　硬度：80　周辺地質：扇状地の砂などの地層

○閼伽水　長建寺（京都市伏見区東柳町、境内拝観自由）

　この湧き水は月桂冠大蔵記念館から近くの長建寺にあります。京阪本線「中書島駅」から徒歩5分です。

　本尊である8本の腕を持った弁天様にお供えする水のことを「閼伽水」と呼んでいます。龍宮造りの朱色の門がかわいらしいこの寺は、伏見の弁天さんといわれていました。江戸時代には淀川を往来する廻船の守護神として信仰があり栄えていました。

〈湧き水データ〉水温：24.0℃（気温31.8℃）　pH：6.5　Fo：0
　硬度：80　周辺地質：扇状地の砂などの地層

○不二の水　藤森神社（京都市伏見区深草鳥居崎町）

　この湧き水は藤森神社の境内に湧いています。京阪本線「墨染駅」、JR奈良線「藤森駅」下車、この二つの駅の中間位の徒歩5分です。車の場合は国道24号線を京都から南下、墨染通りに入り墨染交差点を左折し次の交差点を右折、すぐ右手に藤森神社があります。本殿の右脇にあります。

　御神水である「不二の水」は、二つとないおいしい水であることから名付けられたといいます。また武運長久、学問向上などの勝運を授ける水といわれ古来より多くの武将が祈願したそうです。大きな岩の頂点から水が流れ落ち力強さを感じます。伏見の七名水で本当においしいと評判です。勝運を授かりにやって来る人もいます。

　5月5日におこなわれる藤森祭の「駈馬」の神事は有名で

す。境内に設けられた馬場で武者姿の男の人がさまざまな曲乗りをします。迫力満点で端午の節句にふさわしい行事です。また紫陽花苑公開中は3500株の花が見事に咲き誇っています。

〈湧き水データ〉水温：18.8℃（気温15.5℃）　pH：6.8　Fe：0
　硬度：100　周辺地質：扇状地の砂などの地層

○清和の井　清和荘（京都市伏見区深草越後屋敷8番地、TEL075－641－6238）

　この湧き水は昭和初期に建てられた清和荘という料亭旅館の敷地内にあります。京阪本線「墨染駅」下車、西へ徒歩8分、近鉄京都線「伏見駅」下車、南へ徒歩5分です。車の場合は国道24号線から墨染通りを東に入ると、左側に清和荘が見えてきます。

　世の中がおさまって穏やかなこと、空が晴れて清らかな様子をあらわすこの店の屋号「清和」から命名されています。清和荘では伏見七名水のこの水が使われ、繊細で味わい深い京料理を作っています。庭が見えるお座敷で昼の点心は2730円からです。また名水で練られた名物わらび餅は、ニッキと黒砂糖の風味が上品な味わいです。屋敷内に湧く水は、店の人に声をかければいただけます。

〈湧き水データ〉水温：25.5℃（気温35.7℃）　pH：5.8　Fe：0
　硬度：60　周辺地質：扇状地の砂などの地層

○伏水・黄桜カッパカントリー（伏見区塩屋町、TEL075－611－9919）

　この湧き水は月桂冠大蔵記念館や鳥せいの近くの黄桜カッパカントリーにあります。伏見は昔「伏水」と呼ばれるほどの地下水の豊かな土地だったことから、ここの水を「伏水」と言っ

ています。きめの細かいまろやかな水で淡麗な風味のお酒が造られています。地下60mから汲み上げられています。黄桜酒造が酒蔵を改装し設けたテーマ館では、テレビのCMやお酒に関する資料の展示がされている記念館や、できたての地ビールがいただける黄桜酒造場など五つのゾーンからなっています。

〈湧き水データ〉水温：21.7℃（気温31.8℃）　pH：6.5　Fe：0　硬度：80　周辺地質：扇状地の砂などの地層

周辺たちよりスポット

○**椿堂・竹聲**（TEL075－644－1231）

藤森神社の近くにあるお茶屋。清楚な坪庭をながめながら上質のお茶の香味を存分に楽しめます。煎茶道体験コースもあり作法やお道具の解説など風情のある文化に触れることができます。

○**御香宮神社**　（境内拝観自由、石庭拝観は9：00から16：00）

小堀遠州ゆかりの石庭は有名です。特に茶室からのながめは楽しめます。

○**伏見桃山城**　豊臣秀吉が絢爛豪華な桃山文化の粋を集めて築いた晩年の居城です。現在は鉄筋コンクリート造りになっていますが、桃山期さながらの豪華さはそのまま再現されています。

（榎本、橘井、富田）

商店街にあるトレビの泉

月桂冠大蔵記念館のさかみづ

鶏料理「鳥せい」の白菊水はボタンを押すと水が出る

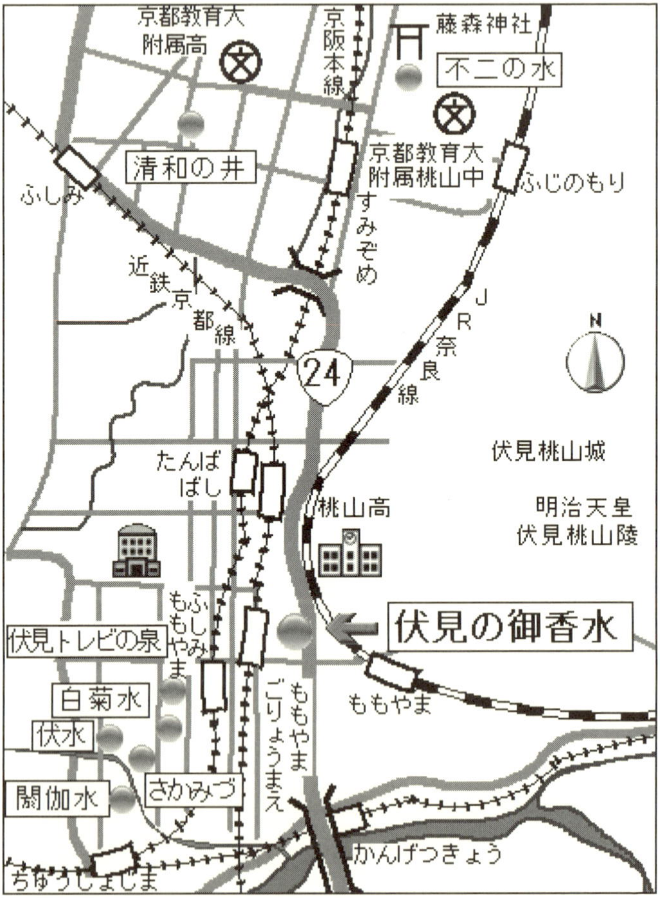
京都教育大
附属高
京阪本線
藤森神社
不二の水
京都教育大
附属桃山中
ふじのもり
清和の井
ふしみ
すみぞめ
近鉄京都線
J R 奈良線
24
伏見桃山城
たんばばし
桃山高
明治天皇
伏見桃山陵
ももふしやまみ
伏見トレビの泉
伏見の御香水
白菊水
ももやまごりょうまえ
ももやま
伏水
閼伽水
さかみづ
かんげつきょう
ちゅうしょじま

長建寺の閼伽水

藤森神社境内に湧いている不二の水

料亭「清和荘」の清和の井

黄桜カッパカントリーの伏水

京都　*11*

亀の井

京都市西京区嵐山宮町

　阪急嵐山線「松尾駅」下車、西へ徒歩5分、またはJR京都駅から市バス28、京都バス73で「松尾大社前」下車です。車の場合は京都南ICから国道1号線を北上、国道十条交差点を左折し、道なりに右に曲がり西大路四条交差点を右折します。この四条通を進むと松尾大社の鳥居があります。

　松尾大社（境内拝観自由、宝物館・松風苑共通拝観料500円、お酒資料館無料）は賀茂両社（上賀茂神社、下鴨神社）と並んで皇域鎮護の社として大切にされてきた京都最古の神社で「お酒の神様」として広く親しまれています。松尾造りといわれる本殿は美しく、また松風苑の三つの日本庭園も見ごたえがあります。

　嵐山の近く、松尾山のふもとに建つ松尾大社の本殿裏に「神泉亀の井」があります。松尾山の山深く湧き出た水が石造りのどっしりとした亀の口からこんこんと流れ出ている様子はまさに延命長寿、よみがえりの水との感があります。

　神代の昔、八百万の神が松尾山に集まったとき、松尾大社の御祭神、大山咋神（おおやまぐいのかみ）がここの湧き水でお酒を造って神々をもてなしたといわれています。この伝説により酒を造るとき亀の井の湧き水を酒の元水に加えると失敗がないとされ、松尾大社は「お酒の神様」として厚く信仰されています。またおいしいの

亀の井

でお茶を入れてもよし、コーヒー紅茶にもと水を汲みに来る人が絶えません。

〈湧き水データ〉水温：16.1℃（気温23.0℃）　pH：7.8　Fe：0
　硬度：80　周辺地質：砂岩、泥岩、チャート

　周辺たちよりスポット
○**月読神社**　松尾大社の摂社である月読神社は京都でも有数の古社で天文や航海の神を祀っています。神功皇后も祈願されたと伝えられ安産の神ともいわれています。
○**松楽館**　松尾大社の清明館の一角にある喫茶店で亀の井の神水でたてた水だしウィンナーコーヒーがおいしいです。お土産に手作りの小物や和菓子もおいてあります。

（榎木、橋村、富田）

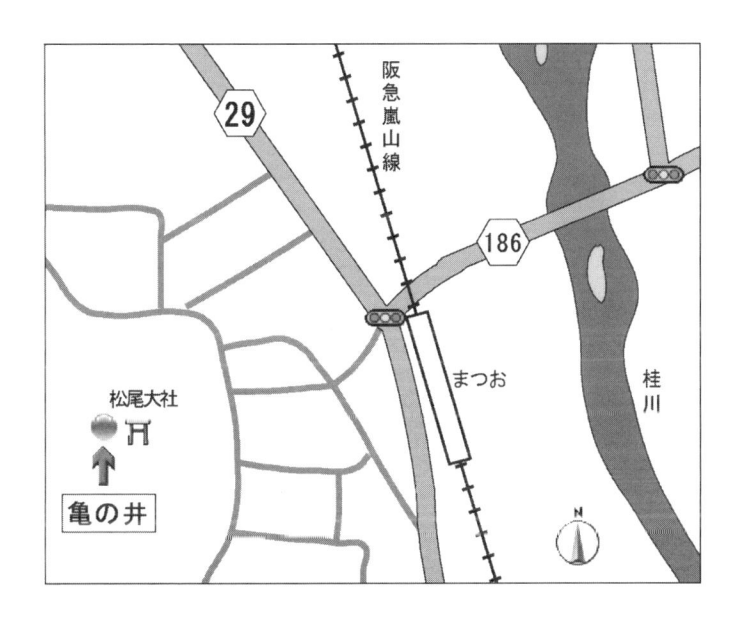

神水でたてた水だし珈琲

兵庫　1

独鈷水
（とっこみず）

豊岡市城崎町湯島、極楽寺境内

　JR山陰本線「城崎温泉駅」から徒歩およそ15分です。温泉街を通り抜けた奥まったところに駐車場があり、その前を左に曲がります。その奥に極楽寺があり、湧き水はその境内にあります。車の場合は、国道178号線の豊岡大橋で県道3号線に入り円山川に沿って北上します。城崎駅付近で県道9号線に入り温泉街をぬけ、奥の駐車場に車を止め、お寺に向かいます。

　この湧き水は城崎温泉の奥まったところにひっそりとたたずむ極楽寺の境内にあります。極楽寺の門をくぐってすぐのところに竹筒から水が流れ出しています。

　約400年前に道智上人がこの地を訪れた際、病気に苦しむ人々を救うために独鈷杵（とこしょ）で岩盤を突いたら湧き出たといわれています。真夏に日照りが続いたときも決して涸れることはなく湧き出ています。病人が「独鈷水がいっぱい飲みたい」と言えば死期が近いと言い伝えられていました。水量はそれほど多くはありませんが口に含むと清涼感が口の中いっぱいに広がります。

〈湧き水データ〉水温：10.0℃（気温13.4℃）　pH：7.1　周辺地質：砂岩、泥岩、礫岩

独鈷水

周辺たちよりスポット

○**城崎温泉** およそ1400年以上も前に開かれた温泉です。泉質はナトリウム・カルシウム－塩化物・高温泉で、効能は神経痛、筋肉痛、うちみ、慢性消化器病、痔病、疲労回復などです。

城崎温泉は昔から数多くの有名人が訪れていますが、明治以降では志賀直哉をはじめ数々の文学者が滞在しています。城崎温泉にゆかりの文学者などに関する資料を展示した城崎文芸館をはじめ、温泉街には多くの観光施設があります。また、文学碑も多く建てられています。浴衣姿の観光客が温泉街をそぞろ歩きをしながら七つの外湯めぐりをしています。

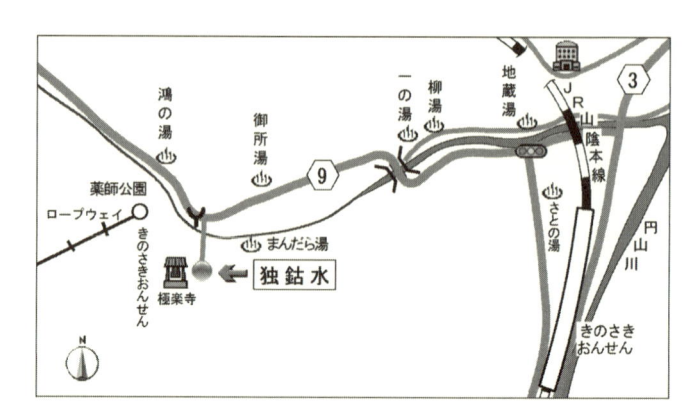

○城崎マリンワールド（豊岡市瀬戸1090、TEL0796－28－2300）

　城崎温泉の北にある水族館です。日和佐山海岸を再現した水深12mの国内有数の水槽やアシカやイルカなどのショウを見ることができます。

○兵庫県立コウノトリの郷公園（豊岡市祥雲寺128、TEL0796－23－5666）

　国の天然記念物であるコウノトリを保護・繁殖し、自然に返す運動をしている施設です。　　　　　　　　　　　　　　（芝川）

兵庫　2

二見の清水
　　ふたみ

豊岡市城崎町二見

　JR山陰線「玄武洞駅」から南に進み、線路を山側に越えて二見の集落に入ります。車の場合は県道3号線でJR山陰線に沿って走り、「玄武洞駅」南の高架下を山側に入ります。

　城崎町の上水道として利用されているために、周囲は取水用に整備をされています。城崎町の南にある来日岳から湧き出していて、湧き水はあふれんばかりの勢いで流れ落ちています。城崎温泉の温泉客が増えて、湯の使用量が増えると水量が減るといわれています。大正時代、井戸水を使っていた周辺住民は河川の増水などで水の確保に悩まされるなどしていました。そういった人々を救うために鉱山経営をしていた中江種造氏が現在の貨幣価値で200億円という巨額を投じて豊岡町では初めての上水道として整えたものです。

　湧き水は少し甘みのある味です。冷蔵庫が要らないといわれるほどの冷たさで近くの家では冷たい水をホース

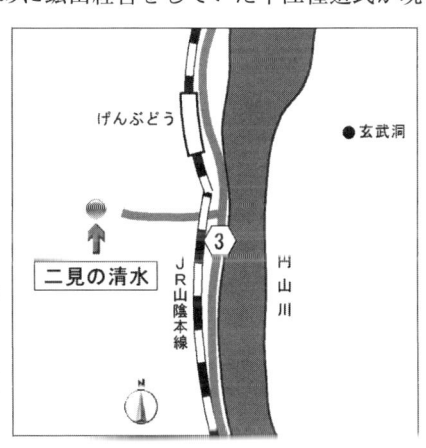

二見の清水

で引いて利用しています。

〈湧き水データ〉水温：13.7℃（気温12.2℃）　pH：7.0　周辺地質：砂岩、礫岩など

周辺たちよりスポット

○**玄武洞**（TEL0796－23－3821）

　円山川をはさんで二見の水の対岸にある国の天然記念物です。玄武洞は約160万年前の火山活動で流出した溶岩が冷え固まる時に柱状節理が玄武岩に作られてできたものです。名前の由来は1807年にこの地を訪れた儒学者柴野栗山の命名によります。「玄武洞駅」前から渡し舟も運行されています。

○**玄武洞ミュージアム**（TEL0796－23－3821）

　玄武洞の側にある博物館です。玄武洞に関する展示がしてあります。また、世界の鉱物結晶、奇石、化石コレクションなども展示してあります。　　　　　　　　　　　　　　　　（芝川）

兵庫 3

福寿の水

豊岡市但東町坂野

　JR山陰線「豊岡駅」から全但バスで出石営業所まで行き、そこでバスを乗り換え、モンゴル民族博物館前で下車します。そこから徒歩で国道482号線を約4km北上すると、たんたんトンネルに着きます。その手前にこの湧き水があります。車の場合は、舞鶴若狭自動車道の福知山ICから国道9号線に入り、野花の交差点を右折して国道426号線を北上します。出合交差点で右折し、国道482号線を北上します。兵庫県と京都府の県境にあるたんたんトンネル手前の右側に福寿の水が見えてきます。

　道路の側にありますが、路側帯が狭いために駐車には注意が必要です。湧き水の周りは花こう岩の石で囲われて整備がなされています。

　福寿の水がある坂野の谷は、昔から豊富な水量を誇る清らかな水が湧き出ています。高龍寺ヶ岳からの伏流水です。古くからの言い伝えによると、ここを訪れた役行者がのどの渇きを覚えて、地面を掘ったところ清らかな水が湧き出してきたことに始まるといわれています。近年のたんたんトンネル工事で新しい水脈が見つかり、現在の場所に水が湧き出るようになりました。1日におよそ1,000tの湧き水がありミネラル分が豊富です。味は口あたりがまろやかで飲みやすく何度口に含んでも飽

福寿の水

76　兵庫

きない味がしています。この水を一杯飲むと、幸福で長寿になるということから「福寿の水」と名付けられました。

〈湧き水データ〉水温：11.5℃（気温12.5℃）　pH：7.1　硬度：30
　周辺地質：花こう岩

　周辺の湧き水
○**長寿の水**　京丹後市久美浜町尉ケ畑

　福寿の水からたんたんトンネルを北に抜けると、尉ヶ畑の集落が見えてきます。尉ヶ畑の手前に県道671号線に入る交差点があります。少しわかりにくいですが長寿の水と書かれた立て札が立っています。そこを左折して300mほど走ると左手に木造のお堂のようなものが建てられており、その中で静かに流れています。水量はそれほど多くはありません。

〈湧き水データ〉水温：12.5℃（気温14.0℃）　pH：7.3　周辺地質：花こう岩

　周辺たちよりスポット
○**但東シルク温泉**　（但東町正法寺、TEL0796－54－0880）

　福寿の水から南に向かい国道426号線に合流してしばらく走ると国道沿いにある公営の温泉館です。泉質は重曹泉で、入ると肌がつるつるになり美人の湯として評判です。　　　（芝川）

長寿の水

兵庫　4

高中の水
こうなか

養父市奥米地

　播但連絡道の和田山ICで降り、国道312号線を北上し一本柳交差点を越えて円山川沿いに県道104号線を進みます。米地橋交差点で右折して県道255号線に入り、一路出石町をめざします。かなり高度が上がったところの道路わきにあります。

　周りは花こう岩で囲まれています。湧き水は半分に割った竹筒を使って導かれ、手水鉢に流れ落ちています。峠近くにあり眺望もよく、水を汲みながら美しい但馬の山々を遠望することができます。

高中の水

まろやかでくせがなく、少し甘みをおびた舌ざわりのよい味です。不老長寿の名水として知られており、地元では長生きの秘訣として重宝されています。出石に抜ける道路建設の際、作業にたずさわった人々の渇いたのどを潤しました。この地方特産のそばを打つには欠かせない水です。

〈湧き水データ〉　水温：13.0℃（気温30.0℃）　pH：6.9　Fe：0.2
　硬度：50　周辺地質：花こう岩

　周辺たちよりスポット
○**高中そば**　（養父市高中、TEL079－665－0364）
　出石といえば「おそば」というくらい有名なそば処ですが、「高中の清水」から養父町方面に下ったところにも、この名水で打ったというおそば屋さんがあります。
○**出石街道**　この道は、出石藩の殿様が参勤交代に使った出石街道でもあります。「高中の清水」からもう少し上がったところにある高中峠には殿様が駕籠を置いて休んだという「かご置石」が今も残っています。
○**出石町**　皿そばとして、あまりにも有名なところです。毎年4月にはそば喰い大会が行われています。街中を散策すると多くのそば屋さんがあります。

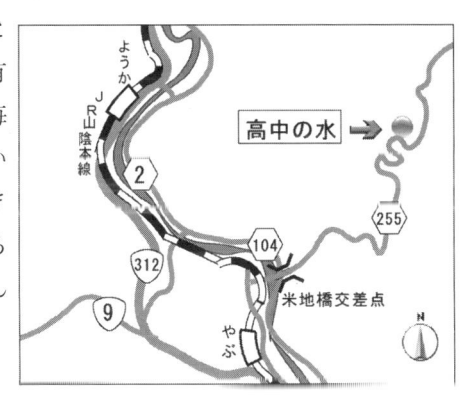

（芝川）

兵庫 5

夏谷の名水

朝来市和田山町藤和

　JR播但線「竹田駅」で下車し、県道104号線を和田山方面へ進み、加都の交差点付近で県道136号線を安井の集落のほうに曲がり、山のほうに向かいます。安井川を越えた分かれ道を右に鳥山に上り始めたころに湧き水が右側に見えてきます。車の場合は、播但連絡道路の和田山ICで降り、国道312号線を南下し、加都交差点を右折し、県道136号線を西に藤和峠方面に進みます。和田山町藤和地区へ向かう途中の右手側に湧き水が見えてきます。

　県道の岩肌にひっそりと佇むように湧き出ています。「夏谷の名水」という看板があることでその場所がわかります。周りの岩石は花こう岩で、その割れ目から湧き水が流れ出しています。地元の人を含め、阪神間からも水を汲みに来る人の列が絶えないところです。

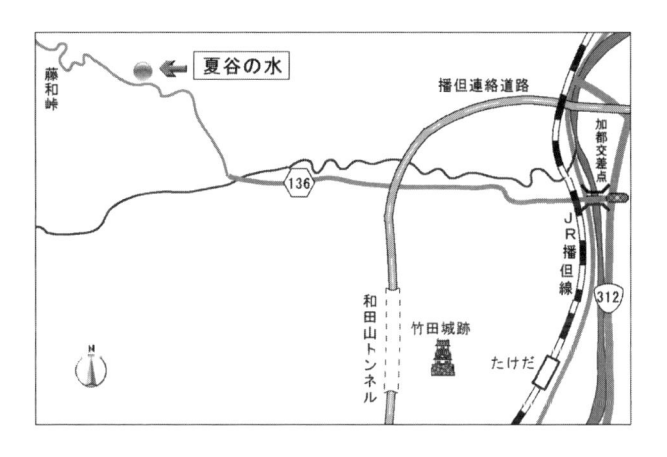

昔からこの湧き水は地元の人にとっては農作業の合間に疲れをいやす場所として有名でした。最近になって地元の人の好意で水が汲みやすいように、堰がつくられ細い管が取り付けられました。水量はそれほど多くはありませんが、昔から変わることもなく涸れたことはありません。口に含むとまろやかでほのかな甘みを感じることができ、飲み飽きることがありません。

〈湧き水データ〉　水温：13.4℃（気温26.8℃）　　pH：6.8　Fe：0.2
　硬度：75　周辺地質：花こう岩

　周辺たちよりスポット
○竹田城址　竹田城址はJR播但線「竹田駅」の西にある古城山（標高353m）の山頂にあり、円山川沿いを走る国道312号線からも仰ぎ見ることができます。山城遺跡としては全国屈指であり、完全な遺跡が残っています。地元のシンボル的存在で、黒澤明監督による映画『天と地と』のロケ地としても有名です。
　　　　　　　　　　　　　　　　　　　　　　　　（荒川）

兵庫 6

松か井の水

多可郡加美町

　播但連絡道の神崎南 IC を出ます。県道 8 号線に入り東へ進みます。越知川に沿って上流に向かい、高坂トンネルを越えたすぐの山道を右に入り、狭い山道を登っていくと小さな看板があります。松か井の水は、この道からさらに歩いて谷間に少し下ったところに看板がありその横に清水が湧き出しています。

　狭い山道で車を止めるところもないため、水を汲む時間を短時間にする必要があります。しかし水量も少ないためあまり多くを持ち帰ることが難しいところです。すぐ目の前には砂防ダムがあります。

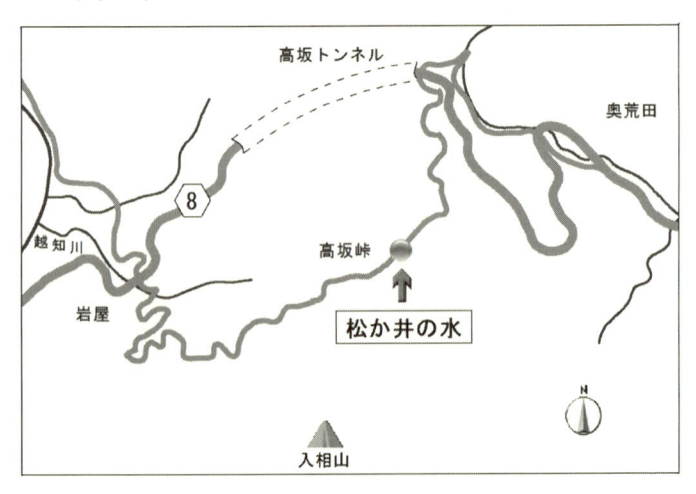

ここの湧き水は、播磨十水「落葉の清水（松か井の水）」として永正年間（1504年～1521年）に播磨を治めていた赤松義村によって定められました。
〈湧き水データ〉水温：13.4℃（気温）20.8℃　pH：7.0　Fe：0.5
　硬度：15　周辺地質：石英安山岩

周辺たちよりスポット
○史跡生野銀山（TEL.079-679-2010)

松か井の水

　但馬街道（国道312号線）を神崎町から北上し10kmほど行くと、生野の町に入ります。生野銀山は1973年に閉山するまでに銀や銅などの鉱物を数多く産出してきました。現在ではかつての坑道を見学できるなど観光坑道として、多くの観光客が来ています。1567年に自然金を含む日本で最大の鉱脈が発見され、その部分を露天掘りした跡が今も残っています。また世界的に貴重な標本を展示してある生野鉱物館や鉱山資料館もあります。
（柴山）

兵庫 7

青倉神社の神水

朝来市山内権現谷

JR播但線「新井駅」下車。タクシーで約20分です（青倉神社はかなり山の上にあります）。車の場合は神戸から第2神明を経て姫路Jct.から播但道へ入り、朝来ICで降ります。国道312号線を北上し多々良木交差点で右折。しばらく道なりに進むと「青倉神社」の標識（小さいので注意）が出てくるので、その方向に進みます。またしばらく行くと青倉神社の駐車場が右手にありますので、そこに車を止めて、神社までは階段を徒歩で上ります。

青倉神社は目の神様として有名ですが、実はその由来はこの湧き水にあります。この地を訪れた行者の目にウドの葉の小さな棘がささり、岩の隙間から湧き出る水で目を洗ったところ目の痛みがとれたので、山を下りて村人にこの水のことを知らせました。行者がこの水を「神水」と名付け湧き水の出る大岩を「ご神体」と定め、村人が道を開き祠を建てて青倉神社ができたそうです。国道312号線から右折したあとは桜並木が続き、桜の季節にはとても美しいところです（青倉神社 TEL079－678－0924）。

階段を上りきったところにある青倉神社本殿のすぐ右手裏側に蛇口があり、そこから水を汲めるようになっています。そのすぐ後ろに「ご神体」の大岩があり、水が流れ出ているのが見

青倉神社

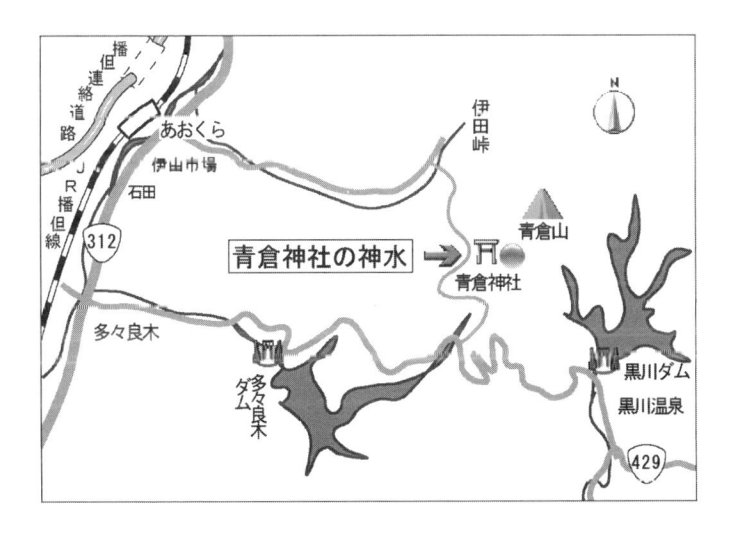

えます。鳥居のすぐ横にも水汲み場が設けられており、急な階段を登らずとも湧き水を汲むこともできます。この湧き水は江戸時代から目の病にきく水として広く知られていますが、実際、この水はホウ酸をよく含み、科学的にも目に効くことがわかっているそうです。

〈湧き水データ〉水温：14.9℃（気温21.4℃）　pH：7.0　Fe：0.2　硬度：20　周辺地質：花崗岩

　周辺たちよりスポット

○**黒川温泉**　青倉神社からさらに6kmほど奥へ行った生野渓谷に日帰り温泉「黒川温泉」があります。男女別の露天風呂もあり、中は清潔な感じ。また、周辺には名物ボタン鍋やアマゴ料理を食べられる民宿や夏には蛍が飛び交うスポットもあり、一日ゆったりと過ごせるところです。

○**多々良木ダム**　関西電力多々良木発電所は、ロックフィルダム（石を積み上げたダム）の多々良木ダムと、その上流の黒川ダムとで日本最大の揚水発電所を作っています。揚水発電は1度使った水を夜の余った電力を利用して、上流のダムに水を戻し再利用する発電です。

（是恒）

兵庫 8

亀の水

明石市人丸町

　国道2号線を神戸から明石へ明石海峡大橋をながめ海辺のドライブを楽しみながら行くと明石駅に行くまでに「人丸交差点」があります。これを越し、次の「桜町東交差点」で右折します。JRの高架をくぐると左手に「亀の水」の標識が見えてきます。「亀の水」へはこの標識より向こうへは車では行けないので、その辺りに車を止めます。標識のある路地を右へ入って突き当たりが「亀の水」です。

　湧き水のすぐ側の階段をあがっていくと、月照寺や柿本人丸神社があります。月照寺には「水琴の妙音」という、ひしゃくで水をすくって流すと美しい音のする竹筒があります。耳を澄まさないと聞こえないような音ですが、思わず何度も水を流したくなるかわいい音です。是非お試しあれ。また、この高台は実は明石天文科学館の裏になっており、東経135°の「子午線標示柱」が立っています。明石海峡大橋もすぐ眼下に見下ろせます。

　月照寺や柿本人丸神社へお詣りする人達が湧き水を利用しやすいよう石亀の口から水を流して大きな瓶に受けるようにしたところ、皆に喜ばれて「名水亀の水」といわれるようになりました。ちょっと恐い顔をした石亀は享保4年（1719年）に常陸の国（茨城県）の飯塚官政氏から寄進されたもの。今も多くの

亀の水

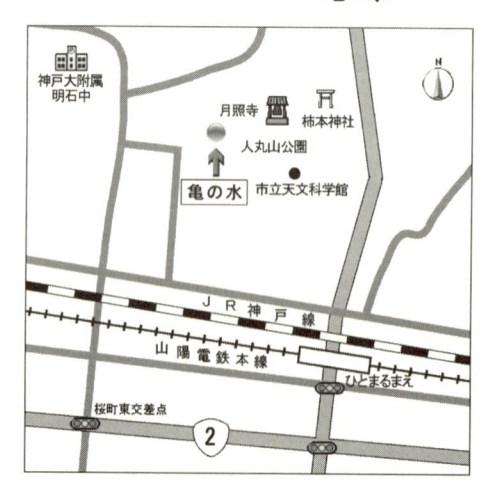

人がひっきりなしにペットボトルやポリタンクを持って水を汲みに来ています。

〈湧き水データ〉水温：16.3℃（気温19.8℃）　pH：6.5　Fe：0.2　硬度：7.5　周辺地質：砂、粘土など

　周辺たちよりスポット

○魚の棚　明石駅の南側にある商店街で「うおんたな」と読みます。ぴちぴちはねる魚が並ぶ魚屋、明石名物のタコがごろごろ入っている天ぷらを売る店などが並んでおり、魚の好きな人には是非おすすめしたい商店街です。

○松竹（TEL078－912－0091）

　明石名物「卵焼き」専門店。明石で「卵焼き」といえば、だし汁につけて食べるタコ焼きのことをさします。JR明石駅南側噴水の前辺りの細い路地道「あけぼの商店街」を入ったところにあり、お昼時など行列ができるお店です。　　　　（是恒）

兵庫 9

脇川の念仏水

三木市細川町脇川

　神戸電鉄粟生線「三木駅」で下車し、神姫バスに乗り西村バス停で降ります。そこからは、北の方へ谷筋の道を約4km歩いて、教海寺に向かいます。車の場合は、山陽自動車道の三木東ICで降り、県道85号線を北へ向かい、突き当たりを左折します。県道20号線の豊地の交差点を左折、細川中を過ぎ、細川橋を渡ってすぐの細い道を右折します（通り過ぎてしまいやすい）。教海寺に向かうと、脇川の念仏水にたどり着きます。

　念仏水の傍には弘法大師が着衣を洗ったという「衣池」があり、念仏水と衣池の一段低い場所には念仏池や衣池と同じ水脈から流れ落ちる「みころもの滝」があります。そこには不動明王の石像があり、冬には氷結、数百本のつららがすだれ状になり奇観となります。しかし、低い場所にあるつららの造形美は見過ごされがちだそうです。

　「脇川の念仏水」には、弘法大師が教海と名乗っていた修行僧の頃にこの地を訪れ、のどを潤す水を所望した際、乏しい水がめから水を汲み出してくれたお礼に清水を湧き出させ、村民を助けたという大師伝説が残っています。「念仏井戸」と呼び、その上にお堂を建て祀られています。「念仏を唱えると水泡湧き上がり、願望成就す」と石碑も建てられています。湧き出た清水は野菜洗いや田畑を潤す貴重な水とされています。

脇川の念仏水を味わう

みころもの滝

脇川の念仏水

〈湧き水データ〉水温：15.3℃（気温15℃）　pH：6　Fe：0.2以下　硬度：5　周辺地質：砂、粘土など

　周辺たちよりスポット
○窟屋の金水（志染の石室）　「ひかり藻」の作用で12月から3月上旬には、色が変わることがあるため「窟屋の金水」と呼ばれています。この辺りは静寂そのもので、祠や観音堂も建てられ静寂の中でのんびりした時間を味わえます。しかし、残念なことに周囲の開発が進み、最近では石室の中には「ひかり藻」が発生していません。県道38号線の御坂の交差点を南下してすぐ左の道に入ります。無料の駐車場があります。(柴山佳・真)

窟屋の金水

兵庫　10

妙見の水

川西市黒川奥瀧谷

　川西市一の鳥居より車で国道477号線を約10分走ると、妙見ケーブル黒川駅に着きます。駅前の駐車場に車を置いて、ケーブルカーに乗って約5分、そこから坂道を少し上がると「妙見の水広場」に出ます（ケーブルカー料金：往復大人540円　小人280円）。

　黒川駅前駐車場は約45台収容でき、駐車料500円ですが、取り水だけの人はポリ容器10ℓ以内で1時間以内でしたら無料です。「妙見の水広場」の周りにはハーブの丘など家族で楽しむことができるさまざまな施設があります。

　平成5年1月、掘り進むこと地下171mから湧き出たナチュラルミネラルウォーターが「妙見の水」と名付けられました。

　休日は、広場で遊ぶ親子連れや、ハイキングを楽しむ人たちの疲れを癒すオアシスとして、列ができるほどにぎわっています。

　汲みにこられた方々は、水は冷たく、くせがなくておいしいと、口々に話しておられ、かなり好評です。

〈湧き水データ〉水温：15℃（気温26℃）　pH：7.5　Fe：0.2以下
　硬度：50　周辺地質：砂岩、泥岩チャートなど

＊現地看板の表示にはミネラル含有量として、以下の項目などが記載されていました。(カルシウム13.0mg/ℓ　マグネシウム

妙見の水

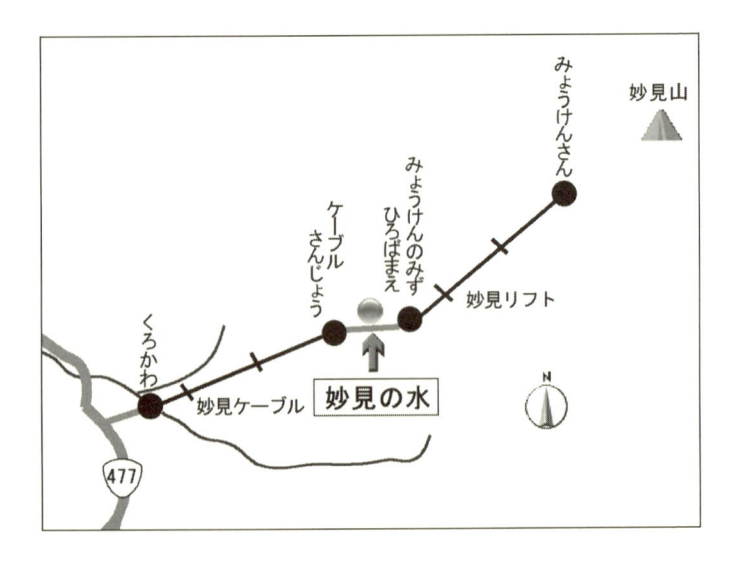

94　兵庫

2.9mg/ℓ　ナトリウム12.0mg/ℓ　カリウム1.2mg/ℓ　硬度46)

　周辺たちよりスポット

○**妙見山ハイキングコース**　コースは約2時間の家族向けから、約4時間の中級向けまで5コースあります。「妙見の水広場」からリフトで妙見山の山頂近くまで登ることができます。妙見山（660m）は、大阪府と兵庫県の境界にあり、また天然記念物のブナの原生林があることでも知られています。

○**妙見山クッキングセンター**　妙見の水広場近くには、バーベキュー場があり、猪肉セット、鴨鍋セットなど多数の食材が用意されています（持ち込みOK。利用は要予約、TEL072－792－7736）。

(亀田)

兵庫　11

広田神社の御神水

西宮市大社町

　JR東海道線「西宮駅」で下車し、阪急バスに乗り、「広田神社前」のバス停で下車します。車の場合は国道171号線の青木町の交差点で北のほうに向かう道に入り、約1kmで神社の前に出ます。

　広田神社は、京都の都の西にある重要な神社ということで、「西の宮」といわれ西宮の地名の由来でもあります。境内は約53000㎡とたいへん広大な敷地を持っています。そのため森のような自然が今でも残っています。湧き水にはお手水場の奥に「御神水」の表示があります。

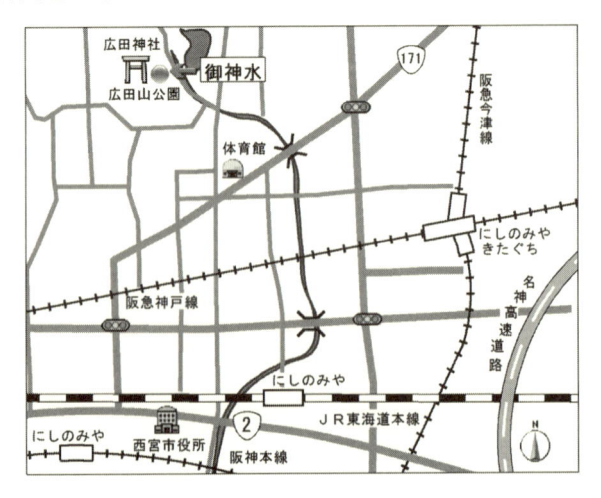

広田神社の御神水

　竹垣で囲まれた中に井戸があり、その横脇から管で水が汲めるように作られています。量は少しずつですが、清らかな水を汲むことができます。また、神社境内の北側にも湧き水があります。

〈湧き水データ〉水温：14.4℃（気温9.5℃）　pH：6.0　Fe：0
硬度：75　周辺地質：砂、れき、粘土

　周辺たちよりスポット
○宮水発祥の地　広田神社の真南約2kmのところに宮水があります。日本名水百選の一つでもあり有名な湧き水です。この周辺の造り酒屋（灘五郷）でも地下水を汲み上げて使用しています。この付近一帯は花こう岩でできた六甲山の伏流水が地下を流れていてその水を酒造りに利用しています。　　　（香川）

兵庫 12

御井の清水
<small>おい</small>

淡路市津名町佐野小井

　神戸淡路鳴門自動車道を東浦ICで降りて国道28号線に出ます。国道28号線を海岸沿いに南下し、世界平和大観音像（遠くからでも目だつ）を通り越して約2kmさらに南に下ると右手に「名水サンスイ」の看板が見えます。この横の小道を入るとすぐ上に喫茶店「サンスイ」があるので、ここの駐車場に車を止めます。駐車場の脇に水汲み場があり、20ℓ100円で水が汲めるようになっています。

　湧き水はこの水汲み場で有料で汲むことができるのですが、実はこの湧き水の湧き出し口はさらに山を登ったところにあります。喫茶店の脇の小道を15分ほど登り、竹林の中に入っていくと、しばらくして小屋が見えてきます。この小屋が実際の「御井の清水」の湧き出し口で、この水がサンスイまでパイプで運ばれているのです。この湧き出し口までは15分といえ、坂道がかなり急なので、一度湧き出し口まで歩いてみると、車を降りてすぐに手軽に水が汲めるありがたみがよくわかりました。

　御井の清水は昔、天皇の御料水とされていたという名水。『古事記』に仁徳天皇が「朝夕、淡路島の寒水を汲みて大御水奉りき」と記されています。霊山妙見山の花こう岩層から岩清水となって湧き出した水です。

御井の清水

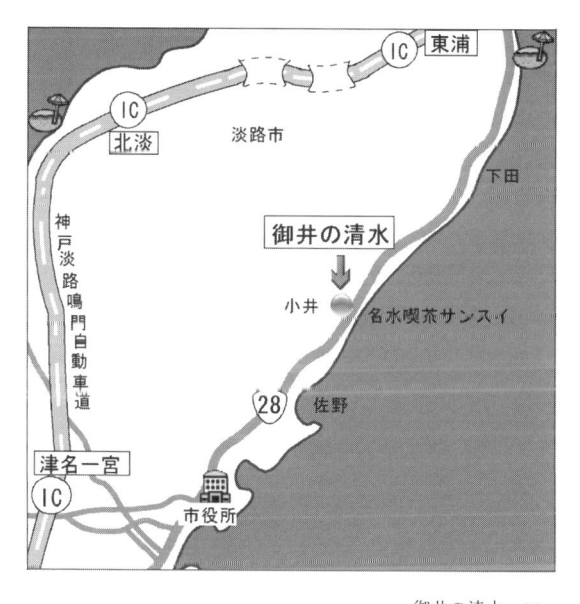

〈湧き水データ〉水温：14.8℃（気温13.4℃）　pH：7.0　Fe：0.2
硬度：100　周辺地質：花こう岩

周辺たちよりスポット

○北淡震災記念公園（TEL079-982-3020）

　国道28号線久留麻の交差点で県道71号線に入り、県道31号線との淡路高校前交差点を北上します。野島断層保存館、メモリアルハウス、震災資料館、風力発電、レストランなどがあります。

○静の里公園（TEL0799-62-4731）

　国道28号線の大谷の交差点で県道66号線に入り約2kmで着きます。静御前の資料館、茶室「静偲庵」、霊廟とそれを取り巻く堀には約300匹の錦鯉が泳いでいます。また、1億円の金塊（64kg）が展示してあることでも有名です。　　　　（是恒）

兵庫　13

船瀬の閼伽水
あかすい

洲本市五色町船瀬

　高速バスで洲本バスセンターまで行き、そこから淡路交通バスの湊行きに乗り、都志を経て「船瀬」バス停で下車します。本数が少ないのでバスでは行きにくいところです。車の場合は、神戸淡路鳴門自動車道の津名一宮ICで降り、県道88号線を一宮方面に向かい、竹谷の交差点で左折し、県道66号線に入ります。そのまま進み南谷の交差点で右折し、県道46号線に入ります。都志の交差点で左折し、県道31号線を海岸に沿って南下すると船瀬海水浴場の表示が見つかります。そこから海岸の砂浜の方に車で下ると駐車場の脇に水場があります。

　船瀬海水浴場は、五色町に五色浜海水浴場がありますが、その北に平成15年に新しくできた海水浴場です。キャンプ場も併設されています。その中に湧き出る清水が船瀬の閼伽水です。水場の横には碑が立てられていて、この水のいわれが彫られています。それ

によると、善光寺の仏様を盗み出した盗賊が、船で逃げるときにこの地の沖で船が進まなくなり、盗賊は仏様を海に捨てました。漁師が仏様を引き上げ、ここの水で洗い清めて、

船瀬の閼伽水

善光寺に戻しました。それからこの地を閼伽堂と呼び、洗い清めた水を閼伽水と呼ぶようになったとのことです。

　夏の日照りや旱魃のときにも涸れることなく、地域の人たちの大切な水として利用されてきました。飲んでみますと飲みやすいおいしい水でした。

〈湧き水データ〉水温：16.0℃（気温17.2℃）　pH：6.0　Fe：0　硬度：50　周辺地質：砂、れき

周辺たちよりスポット
○**五色浜**　船瀬の南に、五色浜と呼ばれ、色とりどりの小石を敷き詰めたような浜辺を見ることができます。色とりどりの石は、この海岸付近の崖を作っているれき層から波などで洗い流されてたまったものです。

（柴山）

兵庫 14

大師の水

淡路市津名町

　神戸淡路鳴門自動車道を津名一宮 IC で降りると津名一宮 IC 前の交差点に出てきます。これを右折して1～2分行くと竹谷交差点（三叉路）に出るのでこれを左折します。3～4分車を走らせると右手に「洲本整備機製作所津名工場テクノパーク」が見えます。これを過ぎて最初の小道を右折。左手に津名病院を見ながら道なりに久遠寺の方に進むと道が突き当たるのでそこで右折、するとすぐに「大師の水」の青い看板が見えます。

　すぐ隣に法華宗のお寺、久遠寺があります。湧き水のそばには大師川が流れており、「大師の水」は地下何千メートルのところから湧き出ている水だそうです。春には久遠寺の桜、夏には湧き水付近を飛びかう蛍を楽しめるそうです。

　その名の通り、全国にある弘法大師由来の湧き水の一つ。弘法大師が水を所望したところ、快く水を提供してもらった御礼にと、岩を杖でたたかれ、村人がそこを掘ると水が湧き出たというもの。民家や寺の裏でひっそりと今もこんこんと湧き出ている水を見ると、不思議にこの伝説も本当のように思えてきます。ちなみに、弘法大師に水をあげなかった北側の村の住吉川は雨が降らない限りは涸れているとか。今も近くの人がポリタンクで水を汲みに来られるところです。

〈湧き水データ〉水温；16.8℃（気温9.0℃）　pH：7.5　Fe：0.2

大師の水

104　兵庫

硬度：100　周辺地質：花こう岩

周辺たちよりスポット
○**兵庫県立香りの公園**（TEL0799-85-2330）
　津名一宮ICから車で10分の「香り」をテーマとしたユニークな公園として淡路一宮地域に整備されたものです。ハーブや芳香樹木などが植えられています
○**パリシェ香りの館**（TEL0799-85-1162）
　津名一宮ICから車で15分の小高い丘の上にある三角の屋根が目印です。香りの情報発信基地として香りについてのさまざまな展示や販売があります。「香りの湯」という温泉もあります。
○**いざなぎ神社**　『古事記』や『日本書紀』に記載された国生みの伊弉諾の神が、最初に造られた淡路島にちなみ、ここに祀られています。日本最古の神社とされています。　　　　（是恒）

兵庫 15

湯谷薬師の水（閼伽水）

洲本市中川原町

　高速バスで洲本バスセンターまで行き、そこから淡路交通バスの都志行きに乗り、「薬師前」バス停で下車します。車の場合は、神戸淡路鳴門自動車道の洲本ICで降り、国道28号線を洲本方面に向かいます。下加茂の交差点で左折し、県道46号線を北上し、高速道路の上を越えてしばらく進むと、左側に薬師堂が見えてきます。ここが湧き水の場所です。

　この付近は洲本から御志紀町方面に向かう道の一つで、苦難の峠道でした。ここで足を止め、のどを潤し安らぎをあたえた

湯谷薬師の水

湧き水であるため、村人はその場所に不動明王を安置し、往来の安全を願い、その湧き水を薬師堂（医王山湧水寺薬師庵）の仏水、閼伽水として奉りました。

薬師堂の脇に閼伽水の石碑があり、その横の竜の口から水が出ています。飲みやすくおいしい水で、水量も豊富で、いつでも汲むことができ、駐車場もあるため、多くの方が汲みに来られていました。

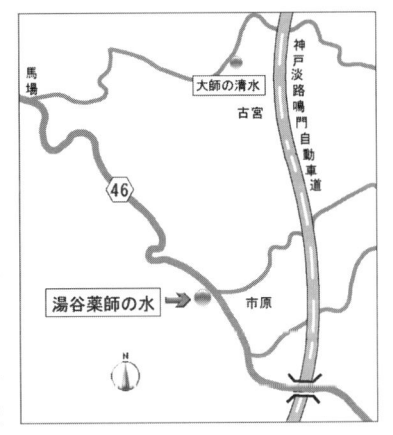

〈湧き水データ〉水温：15.4℃（気温3.9℃）　pH：7.5　Fe：0　硬度：50　周辺地質：花こう岩

周辺の湧き水

○大師の清水（示現水）

洲本市安乎町古宮にあり、湯谷薬師の水の北約1kmのところにあります。大師堂を建てたお礼に、弘法大師が清水を湧かせたといわれています。島内で硬度が一番高く、カルシウムなどを豊富に含んでいると思われます。

〈湧き水データ〉水温：16.2℃（気温15.0℃）　pH：7.0　Fe：0　硬度：150　周辺地質：花こう岩　　　　　　　　　　　（柴山）

兵庫 16

牛王水
ごおうすい

洲本市上内膳尾筋

　高速バスで洲本バスセンターまで行き、そこから淡路交通バスの鳥飼浦行きに乗り、「上内膳」バス停で下車します。車の場合は、神戸淡路鳴門自動車道の洲本ICで降り、国道28号線を洲本方面に向かいます。洲本川の橋を渡り、すぐ左折し、山のほうに向かいます。蓮光寺の横を通り、高速道路の上を越えた付近に車を止めるしか場所がありません。そこから徒歩で、軽自動車がやっと入るような道を山のほうに歩いていくと、谷間に牛王堂という祠がありその脇から水が出ています。

　淡路富士として有名な先山の山麓にあり、この付近には湧き水が多いといわれているところです。牛王堂は先山の山頂にある千光寺に登る途中でもあります。

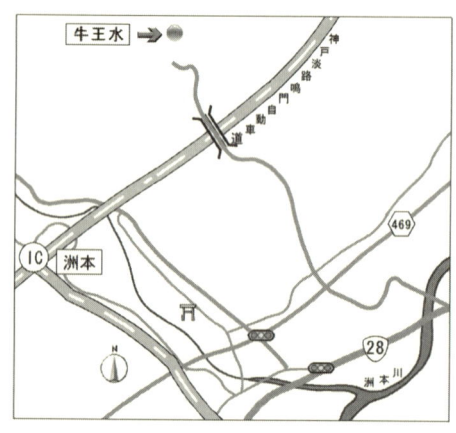

　堂の脇から流れ出る豊富な水は、硬度も高くカルシウムを多く含んでいると思われ、おいしい水です。古文書では「午王水」と書かれているそうです。また、

牛王水

牛王とは牛の肝に含まれる霊薬とのことでこの名がついたといわれています（6月〜9月は農業用水としても使われるため持ち帰りができません）。

〈湧き水データ〉水温：13.6℃（気温16℃）　pH：7.5　Fe：0
硬度：80　周辺地質：花こう岩

　周辺たちよりスポット
○**千光寺**　牛王水から山を登ると、淡路富士と呼ばれている先山頂（448m）に出ます。その山頂に千光寺があります。淡路西国八十八所の第一番札所です。境内には高田屋嘉兵衛が建てた三重塔、立派な仁王門、鐘楼堂などがあります。梵鐘は国の重要文化財に指定されています。イザナギ、イザナミの神が国生みの時、一番先に造られた山といわれ、それがこの山の名の由来になったようです。また、山頂からの景色もすばらしく、三原平野が一望でき、さらに四国まで見ることができます。

(柴山)

兵庫 17

筒井の清水

南あわじ市賀集筒井

　高速バスで福良まで行き、そこから淡路交通バスの来川行きに乗り、国衛を経て「筒井」バス停で下車します。車の場合は、神戸淡路鳴門自動車道の西淡三原ICで降り、県道31号線を福良方面に向かい、八幡の交差点で左折し、国道28号線に入ります。そのまま進むとすぐ国衛の交差点にきますので、そこを右折し、県道76号線に入ります。交差点から約2kmで右側に薬王寺が見えてきます。この付近が筒井の集落です。薬王寺の角を西に入ると筒井の清水があります。

筒井の清水

昔、行基がここを訪れた時に、この水を飲まれ、彫られた仏像が、この近くにある薬王寺の仏様であるといわれています。この付近は筒井という名のごとく、竹筒を地面に突き刺すと、どこでも水が噴出したといわれるほどの地下水の豊富な地域です。

　湧き水は少し下がったくぼ地のようなところに長方形の水場があります。井戸から水が湧き出しています。古くは、八方(はちま)の清水といわれていました。

〈湧き水データ〉水温：19.6℃（気温20.8℃）　pH：6.0　Fe：0
　硬度：100　周辺地質：砂、れき、粘土

　周辺たちよりスポット

○沼島　この県道76号線を南に進むと海岸にでて、沼島に渡る船着場につきます。そこに車を駐車し、船に乗り約15分で沼島に渡ることができます。沼島は『古事記』や『日本書記』に記載のある、神々が最初に造り出した島として有名です。周囲6kmの小さな島ですが、「上立神岩」「屏風岩」などの奇岩とともに、国生み伝説の「おのころ神社」、県最古の「沼島庭園」など見所が多数あります。また、夏のはも鍋は絶品です。

（柴山）

奈良　1

松尾寺霊泉

大和郡山市山田町

　JR「大和小泉駅」から奈良交通バス矢田山町行きで7分、松尾寺口で下車し東方向に徒歩約30分です。車では国道25号線より中宮寺東交差点で県道9号線へ入り北方向に行って松尾寺口を左折、松尾山の中腹あたり左側に松尾寺の山門があります。

　松尾寺は718年に舎人親王（とねりしんのう）が『日本書紀』の完成と自身の42歳の厄除けを祈願して開いたとされ、日本最古の厄除け寺といわれています。本尊木造千手観音立像（重要文化財）が「厄除け観音」として信仰を集めています。

　境内には1337年に再興された本堂（重要文化財）、桜の時期のポスターにもなった美しい三重塔、行者堂、大黒堂、宝物館な

松尾寺霊泉

どが建立されています。また初夏には80種500株あるというバラ園が公開されています。

　松尾山から湧き出た水は、松尾寺の山門に入ってすぐ右手に導水されています。醸造に適した水として、また厄除け観音にお供えする閼伽水（あかみず）として昔から知られています。さらに不老長寿の効能があると伝えられ、多くの人がこの水を求めに来たといわれています。

　水量は多くはありませんが、私たちが訪れた日も近くにお住まいの方々が飲料にと水を汲みに来られていました。なだらかな坂道を登った後にいただく山水は、冷たくとてもおいしく感じられました。

〈湧き水データ〉水温：14.4℃（気温24.4℃）　pH：6.5　Fe：0.2以下　硬度：10－20　周辺地質：花こう岩

周辺たちよりスポット

○**本家菊屋**（TEL0743－52－0035）

　豊臣秀吉に茶菓子を献上していた銘店です。「御城之口餅」は一口サイズのきな粉をまぶしたお菓子で素朴な味わいです。

　大和郡山市役所前に本店が、支店は近鉄郡山駅にもあります。

○**ル・ベンケイ**（TEL0743－55－2121）

　ヨーロッパ貴族の邸宅を思わせる建物の中庭に面したカフェやレストランで、オーナーこだわりの大和の野菜やフランス料理をいただくことができます。大和の地鶏を使った「黒米カレー」もおすすめです。また「干柿を使ったパウンドケーキ」は大和茶の香りと柿の風味がおいしい一品です。　　　　　（本田）

奈良　2

狭井神社の御神水（薬井戸）

桜井市大字三輪字狭井

　JR桜井線「三輪駅」下車徒歩5分です。または近鉄「桜井駅」よりバス「三輪明神」下車。車では、西名阪天理ICを降りて国道169号線を約20分南下、左側に巨大な大神神社の大鳥居が見えます。そこを左折し直進すると大神神社の駐車場です。二ノ鳥居をくぐり玉砂利の道を進むと大神神社の本殿北側、祈祷殿の左手より「くすり道」と呼ばれている参道を経て狭井神社に至ります。この狭井神社の社殿の左奥に、三輪山から湧き出る「御神水」があります。

　三輪山は大神神社の身体山として大和青垣山のなかでもひときわ綺麗な円錐型の神奈備山です。大神神社はわが国最古の神社とされ、すぐ後ろにある三輪山に、大物主大神が御自らの

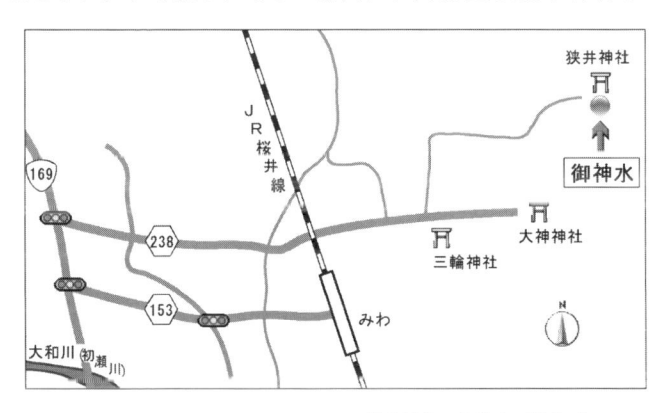

狭井神社の御神水

幸魂(さきみたま)・奇魂(くしみたま)を鎮めたとされています。従って大神神社には本殿がなく身体山、三輪山を拝するという神祀りの形を今に伝えています。

　狭井神社は御本社の「荒魂」をお祀りしてあり、身体健康、病気平癒の神様として篤く信仰されています。

　この三輪山から湧き出る「御神水」は病気の平癒に霊験あらかたとされています。飲んでみるとくせのない、なめらかなのどごしです。水量は多く、自由にいただけます。また、狭井神社の授与所ではその日一番に汲んだ若水が授与されています。

〈湧き水データ〉水温：16.7℃（気温24.1℃）　　pH：7.0　Fe：0
　硬度：60　周辺地質：斑レイ岩などの火成岩

周辺の湧き水

○**玄賓庵近くの湧き水** （桜井市大字三輪字狭井）

狭井神社の鳥居をくぐり鎮女池の手前を左折し山の辺の道を北にしばらく歩くと白壁の建物「玄賓庵」が見えてきます。その白壁の先に竹筒から流れ落ちる湧き水があります。水量は多くなく、施設も整っていません。少しくせがある味です。

〈湧き水データ〉水温：16.5℃（気温21.5℃）　pH：7.5　Fe：0　硬度：80

周辺たちよりスポット

○**くすり道**　参道には、薬問屋の町として有名な大阪の道修町を中心に、製薬業界から寄進された灯篭が数多く並んでいます。また参道脇には約50種類の薬草木が栽培され、名前と薬効の説明が記されていて、ゆっくりと一つ一つ見て行くのも楽しみです。

○**大神神社の「巳の神杉」**　拝殿前の大杉。根元の洞に棲む巳さんが願い事を聞き入れて、導いてくれるといわれ、卵とお神酒が供えられています。

○**そうめん処「森正」**（TEL0744－43－7411）

大神神社二ノ鳥居前にある、そうめんの店。歴史を感じる立派な門構えが目印。庭園でいただき、気持ち良いひとときが過ごせます。

（本田）

奈良 3

高見の郷の湧き水

東吉野村

　近鉄大阪線「榛原駅」で下車します。奈良交通バス杉谷方面行きに乗り、約60分「高見登山口」で下車します。そこから国道166号線を松阪方面へ向かい、杉谷を越え、高見トンネルの手前右側に高見の郷という桜の名所があり、その高見の郷敷地内に水場があります。平成17年4月にオープンした高見の郷は、標高550mから700mまでの登り道の両側に枝垂桜が1000本も植えられています。

　山腹の50mまで管をいれ湧き水を引いています。味はまろやかです。敷地内には茶店があり、湧き水で点てた珈琲が味わ

高見の郷の湧き水

えます。

〈湧き水データ〉 水温：13.2℃ （気温4.8℃） pH：7.5 Fe：0.2以下 硬度：30 周辺地質：結晶片岩など

周辺たちよりスポット

○**万葉公園、かぎろいの丘** この公園は、国道166号線の大宇陀町の役場付近にあります。柿本人麻呂が詠んだ「ひむがしの野にかぎろひのたつみえて　かえりみすれば　月かたぶきぬ」の歌碑があります。毎年陰暦の11月17日には、ここの丘でかぎろいを見る会が催されます。「かぎろい」は、よく冷えた冬の寒い朝の夜明け前1～2時間に、東の空が赤く染まる現象をいいます。

○**大宇陀温泉あきののゆ**（TEL0745-83-4126）

万葉公園の近くにあるこの温泉は、泉温34.1℃のアルカリ性単純泉です。平成11年オープンした「大宇陀町心の森　多世代交流プラザ」の中にあります。また、道の駅「宇陀路大宇陀」駐車場の一角に温泉水のスタンドがあり、24時間いつでも購入することができます。40ℓで100円です。道の駅では20ℓ入りのポリタンクを購入することもできます。

（柴山佳・真）

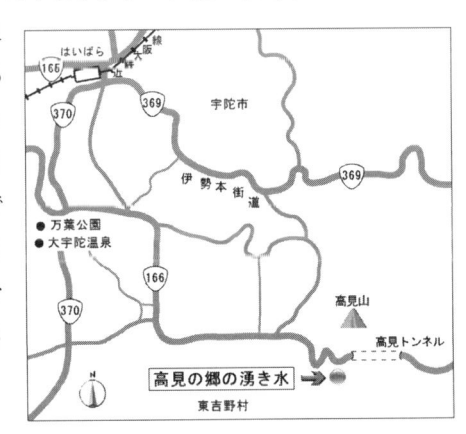

奈良　4

宇太水分神社湧水
（うたみくまりじんじゃゆうすい）

宇陀郡菟田野町古市場

近鉄「榛原駅」より奈良交通バスで20分、古市場水分神社前下車すぐ。名阪国道針ICから国道369号線を経て約30分です。境内に駐車場があります。

本殿裏にある鎮守の杜は老杉などの古木が鬱蒼と繁り森厳な佇まいです。広範囲からながめることができ、菟田野町（うだの）のランドマーク的存在です。宇太水分神社は第10代崇神天皇の時代の創建と伝えられ、速秋津比古神（はやあきつひこのかみ）、天水分神（あめのみくまりのかみ）、国水分神（くにのみくまりのかみ）の水分三座が祀られています。また大和朝廷が飛鳥に置かれた頃に東西南北にお祀りされた水分神の東にあたります。

拝殿の後ろに美しい雅やかな五棟の朱塗りの本殿（国宝・鎌倉時代末期の建造）があります。湧き水は、その第一殿の裏手にある「薬の井」（御神水）より導水されています。「薬の井」は、推古天皇が薬狩をされた時に心身を清められたとの伝説が今に伝えられています。

水は竹筒より流れ出ていて、水量は多くありませんが、大切にお祀りされています。ミネラルが多い感じののどごしです。

〈湧き水データ〉水温：20.3℃（気温23.3℃）　pH：6.5　Fe：0.2以下　硬度：100　周辺地質：斑レイ岩などの火成岩

宇太水分神社湧水

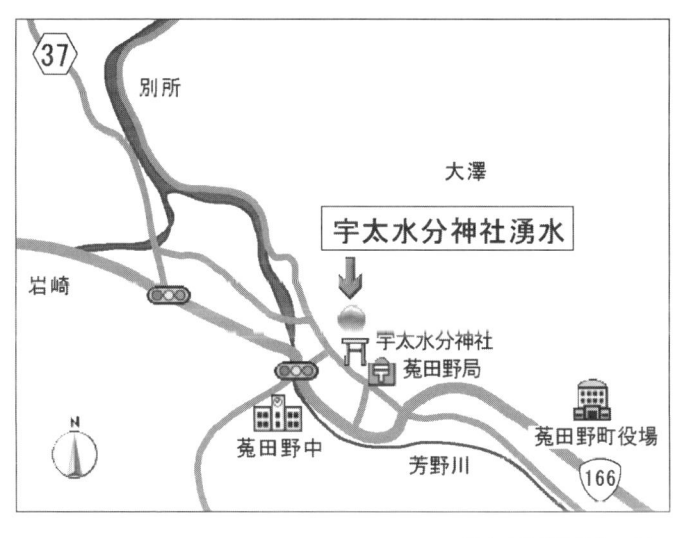

周辺たちよりスポット

○森野吉野葛本舗葛の館（TEL0745－87－3011）

　吉野本葛の製造元の一つで、店舗奥には工場を備えていて、売店では葛の根100パーセントを原料とする吉野本葛や本葛を使った製品を販売しています。店舗内の茶房「葛味庵」では吉野本葛で作る葛きり、葛餅などがいただけます。

○森野吉野葛本舗森野旧薬園（TEL0745－83－0002）

　約250種類の薬草が四季折々に可憐な花を咲かせ来園者の目を楽しませてくれます。また、薬園内からは大宇陀の町を見わたせます。

○自然工房にじの輪（TEL0745－83－2122）

　もと薬屋だった家屋を改築したカフェ兼用のアートスペース。日替わり家庭料理や葛うどんなど、自家栽培の無農薬野菜や天然調味料を使った自然食メニューが楽しめます。（本田）

奈良 5

ごろごろ水

吉野郡天川村洞川

近鉄吉野線「下市口駅」より奈良交通バスで洞川温泉下車、温泉街を経てしばらく歩くと水汲み場があります。車の場合は、国道309号線で天川村まで行き、川合の交差点で、県道21号線に入り、洞川温泉に向かいます。温泉街をぬけてしばらく行くと左に大きな駐車場があり、そこに駐車して水を汲むことができます。

大峰山の登山口である洞川は、修験者の宿泊施設の洞川温泉で有名なところです。周辺はカルスト地形でもあり、多くの鍾乳洞があります。

ごろごろ水は石灰岩のなかにできた鍾乳洞から流れ出てきた水で、この地中の水路を流れる水がゴロゴロと音を立てて流れることから「ごろごろ水」と命名されたといわれています。1300年の歴史を持つ修験の聖地に古来より「神の水」として保全されてきました。現在は、多くの人

ごろごろ水

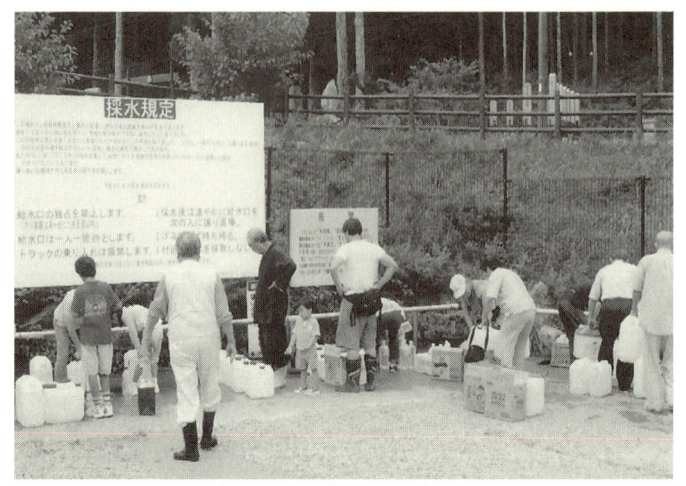

多くの人が水汲みに訪れる

が汲みに来ても対応できるように、数多くの水取り口が配管されています。

〈湧き水データ〉 水温：11.9℃（気温18.8℃）　pH：7.5　Fe：0.2以下　硬度：75　周辺地質：石灰岩、砂岩、泥岩など

周辺の湧き水

○泉の森　洞川温泉街から県道48号線に入り北上します。洞川キャンプ場の手前に泉の森があり、樹齢300年以上のご神木の奥にある石灰岩の洞窟から豊富な水が湧き出しています。

　このほか洞川地区には神泉洞にも湧き水があり、これら3カ所を洞川湧水群と呼んでいます。

〈湧き水データ〉 水温：11.8℃（気温18.8℃）　pH：7.5　Fe：0.2以下　硬度：75　周辺地質：石灰岩、砂岩、泥岩など

○命の水　下市口から国道309号線を天川村へ向かう途中の下

泉の森

市町長谷にある丹生川上神社下社(にゅうかわかみじんじゃしもしゃ)は水の神様として知られています。神社の本殿の横に、名水「いのちの水」と表示された井戸があります。

〈湧き水データ〉水温：15.7℃（気温22.8℃）　pH：6　Fe：0.4　硬度：20　周辺地質：砂岩、泥岩、チャートなど

周辺たちよりスポット

○洞川温泉センター（TEL0747－64－0800）

　温泉街の入り口にできた日帰り温泉施設。温泉は、26℃の無色透明のアルカリ性で、疲労回復や筋肉痛などに効能があるとされています。

○五代松鍾乳洞(ごよまつしょうにゅうどう)　ごろごろ水採取場の駐車場の向かいに鍾乳洞行きの簡易モノレールのような乗り物の駅があります。それに乗り斜面を登ること10分ほどで、洞窟の入り口に着きます。

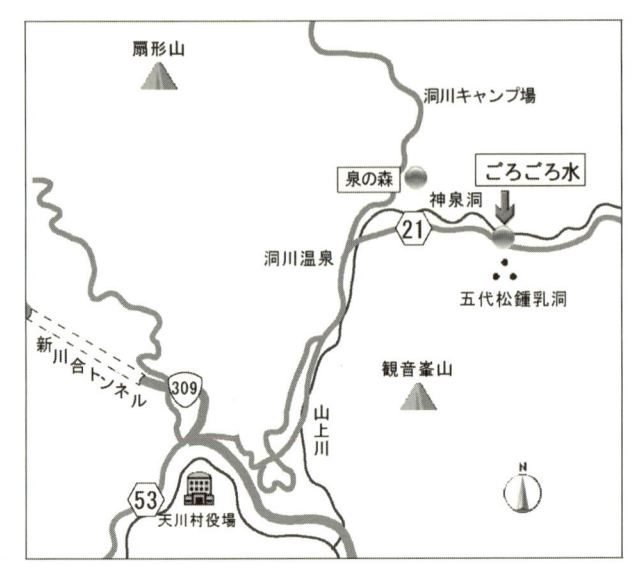

鍾乳洞は約15分で見学することができ、県の天然記念物に指定されています。

○**天河大弁財天社**　国道309号線の川合の交差点で県道53号線に入り3kmほど進むと、この神社があります。日本三大弁財天の一つで、古くから芸能の神様として知られ、特に能楽とのかかわりが深く、能舞台も作られています。

○**天の川温泉**（TEL0747－63－0333）

　天河大弁財天社からさらに南に500mほど行くとこの温泉があります。吉野杉で作られた日帰り温泉施設で、ナトリウム炭酸水素塩泉です。　　　　　　　　　　　　　　　　　　（本田）

和歌山　1

吉祥水
きっしょうすい

和歌山市紀三井寺

　JR紀勢本線「紀三井寺駅」から徒歩5分です。車の場合は阪和自動車道和歌山ICで下車、宮街道を和歌山市内方面へ進み、JRの高架をくぐってすぐの交差点を左折、国体道路を約4km進むと紀三井寺の寺営駐車場があります。車を止め、紀三井寺の山門より北に500mほど歩くと右側にお地蔵さんが見えてきます。横手にある階段（93段）を上れば、三井水の　つである「吉祥水」が境内の石垣からこんこんと湧き出ています。

　この湧き水のある紀三井寺は、約1230年前の奈良時代（770年）に、唐僧・為光上人によって開基されました。紀州にある三つの井戸があるお寺として有名です。紀三井寺表坂中腹にある「清浄水」と、それより南へ約100mの山腹にある「楊柳水」、そして「吉祥水」の三つの井水は名草山麓の古道に沿って古くから湧き水として利用されて

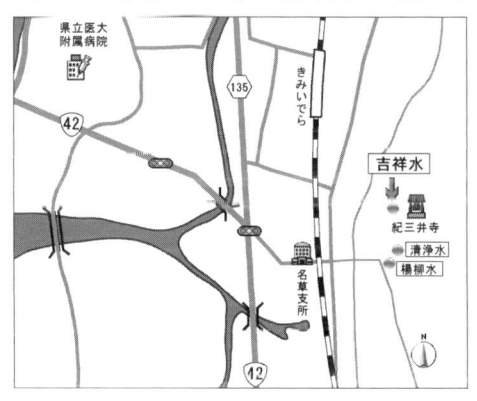

吉祥水

きました。吉祥水は、『紀三井寺縁起』によると吉祥天女の内証より湧き出たものとされ、一切衆生の災難を除き五穀豊かに、万姓を安楽にすると伝えられています。紀三井寺三井水は名水百選に選ばれています。

　飲んでみると淡白だが清涼感があり、舌触りがまろやかに感じました。以前は吉祥水を使ってコーヒーなどを出すお店もあったが、今はそのような店もなくなってしまったとのこと。吉祥水で入れた日本茶は特においしいと地元の人々はもちろん、全国各地からも汲みに訪れるぐらい人気があります。

〈湧き水データ〉水温：14.0℃（気温：8℃）　pH：7.5　Fe：0.2以下　硬度：80　周辺地質：結晶片岩

周辺の湧き水
○**清浄水**　紀三井寺の門をぬけ、石段を昇ると、中ほど右側に音を立てて流れる小さな滝があります。これが紀三井寺の名の起こりにもなった三つの湧き水の一つです。
○**楊柳水**　紀三井寺の境内にあるもう一つの湧き水が楊柳水です。屋根がつけられ、井戸にはふたがしてあります。

周辺たちよりスポット
○**紀三井寺**　三つの井戸があることから名付けられた紀三井寺は西国三十三所観音霊場の第二番札所であり、関西に春を告げる早咲きの桜の名所としてもよく知られています。231段の急な石段（結縁坂）は参詣者泣かせですが、境内から見る和歌浦の遠望は美しく、天気のいい日には淡路島、四国まで見渡すことができます。

　　　　　　　　　　　　　　　　　　　　　　　　（香川）

和歌山　2

黒牛の清水

海南市黒江、中言神社(なかごとじんじゃ)

　JR紀勢線「黒江駅」から徒歩12分です。車の場合は、阪和自動車道海南ICで下車し国道42号線を和歌山方面へ北上、また和歌山方面からは国道42号線を下津方面へ南下し温山荘前の三差路を左折します。中言神社の周囲は細い路地に囲まれているため、まずは温故伝承館を目指し、向かいにある黒牛茶屋の駐車場に車を止めてから、お店正面わきの道を歩いたほうがよいでしょう（約2分）。境内の黒牛像の下から清水が湧き出ています。

　「古に妹と吾が見しぬば玉の黒牛潟を見ればさぶしも」(『万葉巻』九　柿本人麻呂)。黒江の町は、波間に見え隠れする岩が黒牛の形をしていたことから奈良時代より黒牛潟と呼ばれてきました。現在その黒岩は中言神社の辺りに埋まっていると伝えられています。

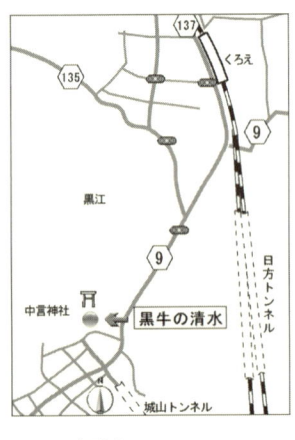

　この清水は紀の国名水50選（県選定）に選ばれており、古くから災除、書・画・茶道などの諸芸上達に効果があると地元の人々から親しまれ、酒造りの仕込水にも利

黒牛の清水

用されています。飲んでみますと、舌触りがさらっとしていて清涼感のある水です。

〈湧き水データ〉水温：10.0℃（気温：6.4℃）　pH：7.0　Fe：0.2以下　硬度：90　周辺地質：結晶片岩

　周辺たちよりスポット
○温故伝承館　黒江は漆器（黒江塗）生産で栄えた町で、昔ながらの町並みには風情があります。

　「温故伝承館」には、名手酒造が所蔵する酒造器具・道具類、蔵人・蔵元の生活用具などが展示されており、充実した収蔵品は見応えがあります。観覧料は大人400円で、黒牛茶屋では利き酒を味わうことができます（温故伝承館の入館料は向かいの「黒牛茶屋」で支払う。有名な純米酒「黒牛」や奈良漬け、粕漬けなどが販売されている）。

(松崎)

和歌山　3

瑠璃井
（るりい）

日高郡みなべ町東岩代

JR紀勢線「岩代駅」下車、徒歩約15分です。光明寺の境内の中にあります。車の場合は国道42号線で東岩代の交差点を山側に入ります。5分ほど進んだ集落の中に光明寺があります。

瑠璃井

光明寺のお寺の門をくぐり左手の生垣の中に井戸があります。この井戸が瑠璃井です。瑠璃光薬師のそばから湧き出ているため瑠璃井と呼ばれるようになったようです。

古くより健康長寿の霊水として近郊の人々に利用されてきました。お参りに来ておられた方に井戸の手押しポンプの上手な押し方を教えていただき、おいしい水をいただくことができました。

〈湧き水データ〉水温：18.21℃（気温20.9℃）　pH：6.5　Fe：0.2以下　硬度：75　周辺地質：砂岩、泥岩

周辺たちよりスポット

○うめ振興館、紀州備長炭振興館

　みなべ町は南高梅の産地で有名なところです。阪和自動車道のみなべICから南部川を少しさかのぼったところにうめ振興館があります。日本一の梅の生産地として、梅に関するさまざまなことが展示されています。

　さらにこの川の上流、三里ヶ峰山麓に備長炭振興館があります。備長炭は調理用炭の最高級品で、うなぎや魚を焼く熱源として利用されています。振興館では備長炭の歴史や製造方法などをわかりやすく展示されています。

○**天神崎**　田辺湾は、紀伊半島の中ほどにあり、多くの種類の生物がたいへん多く見られるところです。その湾に突き出した天神崎は、市街地の近くであるにもかかわらず、海岸付近の陸と海の動植物が、平たい海食台に同居し、すばらしい生態系を作っています。「天神崎の自然を大切にする会」は、日本のナショナル・トラスト法人第一号に認定され、この貴重な自然を守る活動を続けています。　（柴山）

和歌山 4

瑠璃光薬師霊泉
<small>る　りこうやくし　れいせん</small>

西牟婁郡白浜町十九渕

　JR紀勢線「白浜駅」下車、バスで富田橋下車。徒歩約1時間。車の場合は国道42号線で紀伊田辺から白浜方面に向かい、JR「紀伊富田駅」近くの富田橋の交差点で、左折し富田小学校前を通過し、高瀬川に沿って上流に進みます。途中に富田の水という有料の水汲み場所がありますが、そこを通過しさらに上流に行きます。祠が見えるとその横が湧き水です。

　湧き水のそばに立てられている看板によると「この泉は昔から"中の河の湯"として知られ、胃腸病や皮膚病に特に効能が

瑠璃光薬師霊泉

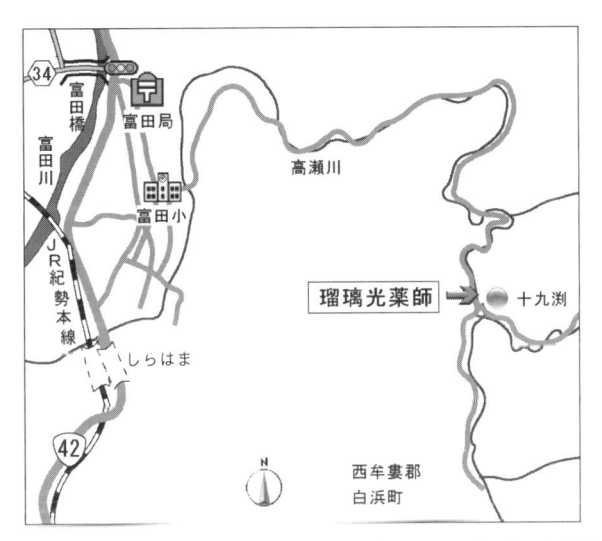

あると伝えられ、近郊住民は山坂を越えて、1升ビンを担ぎわざわざこの泉を求めたものであった」と記されていました。

　祠の下の岩の間から湧き出るおいしい清水は、長く保存しても腐敗することがないといわれています。以前から長くこの水を汲みに来ておられる方の話によると、この水を飲み続けているためか年齢の割には、鉄が不足していないと医者に言われたといっておられました。

〈湧き水データ〉水温：16.1℃（気温22.3℃）　pH：7　Fe：0.5
　硬度：20　周辺地質：砂岩、泥岩

　周辺たちよりスポット
○富田の水　瑠璃光薬師霊泉に行く途中の高瀬川沿いに、「株式会社南紀白浜富田の水」があります。飲用水が自動販売機で市販されています。　　　　　　　　　　　　　　　　（柴山）

和歌山 5

野中の清水
（のなか　しみず）

田辺市中辺路町野中

　JR紀勢線「紀伊田辺駅」下車、バスで約1時間30分「野中一方杉」で下車して、徒歩約10分のところにあります。車の場合は紀伊田辺から国道311号線で中辺路へ向かいます。逢坂トンネルを越えると、近露の集落になり、野中で左に折れ坂を上っていくと野中の清水に出会います。

　野中の清水は、2004年に世界文化遺産に登録された熊野古道のルートに当たり、平安時代から熊野詣の多くの人々ののどを

野中の清水

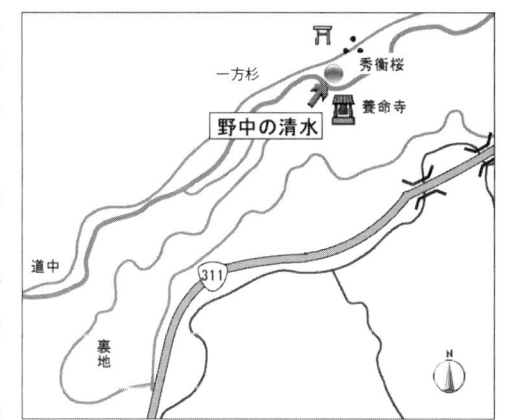

潤してきました。熊野詣は平安時代の貴族の間で始まったもので、やがて庶民にも広がり、祈りを胸に熊野本宮大社を目指したものです。

日本名水百選にも選ばれた名水で、これまで1度も涸れたこともなく、きれいな水が湧き出て泉を作っています。泉の横の方から噴出すように出ている清水を汲むことができ、多くの方が汲みに来られています。

〈湧き水データ〉水温：15.1℃（気温20.8℃）　pH：7　Fe：0　硬度：30　周辺地質：砂岩、泥岩

周辺たちよりスポット

○一方杉　この杉は野中清水のすぐ上のほうにあり、地元の氏神を祀ってある継桜王子の境内にあります。樹齢800年を超える木を含めて9本あります。

○熊野古道なかへじ美術館　熊野古道のさまざまな風景、歴史や文化を展示するとともに、地元出身の野長瀬晩花（日本画家）、渡瀬凌雲（南画家）の作品も展示されています。

(柴山)

和歌山 6

憑夷の瀧
ふうい　たき

和歌山市井辺

　JR阪和線の「和歌山駅」で下車し、バスに乗り鳴神住宅前で降ります。鳴神団地の住宅街を南の方に抜け高速道路に沿った道を少し行くと左に入る小さな小道があります。その道を50mほど行ったところにお堂がありその下が湧き水です。

　車の場合は阪和自動車道の和歌山ICで降り、国道24号線を南に進み、花山の交差点で左折し県道143号線に入り鳴神住宅入り口で住宅団地に入り団地を南に抜け高速道路横の道に出ます。200mほど行ったところで左に入る小道があります。車は入ることができません。徒歩でお堂に向かいます。

　この湧き水の場所には大日堂というお堂があります。後ろの山は大日山という紀伊風土記の丘公園の一部になっている山です。湧き水の場所はその山麓にあたります。

　大日堂の下から流れ出る一筋の湧き水が滝のように落ちています。豊富な水は、硬度が非常に高くカルシウムを多く含んでいると思われ、近畿地方では珍しく硬水に当たります。それでも飲みやすくおいしい水です。しかし、硬度が高いため、煮沸するとやかんなどに白い結晶が付くと、汲みに来られた方が話されていました。

〈湧き水データ〉水温：15.5℃（気温13.4℃）　pH：7.8　Fe：0
　硬度：200　周辺地質：結晶片岩

憑夷の瀧

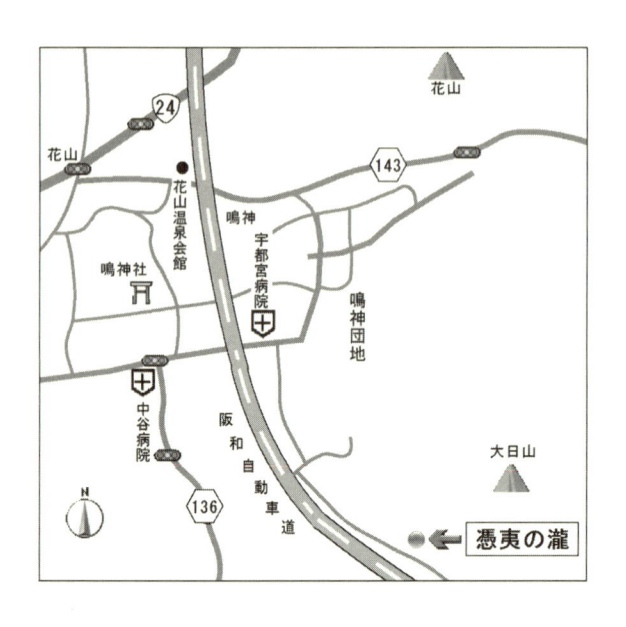

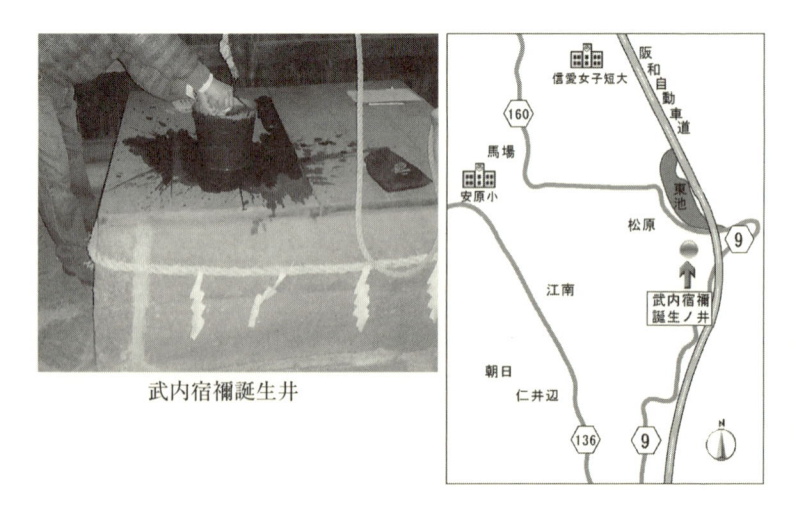

武内宿禰誕生井

140　和歌山

周辺の湧き水

○武内宿禰誕生井　（和歌山市松原）

　この井戸は、憑夷の瀧より約4km南の阪和自動車道の横にある東池のすぐ南にあります。武内神社がありその境内にある、長寿殿というお堂の中に井戸があります。つるべをおろして水を汲むことができます。

　武内宿禰は仲哀、応神、仁徳の各天皇に仕えることができたほど長寿で国家に忠誠を尽くし、子孫が繁栄したことから理想的な人とされ、戦前の紙幣などにも使われました。その生誕の地がこの付近で、この井戸を産湯として使ったとされ、紀州徳川家では代々産湯としてこの井戸を使ってきました。

〈湧き水データ〉水温：12.4℃（気温11.6℃）　pH：6.5　Fe：0
硬度：80　周辺地質：結晶片岩

周辺たちよりスポット

○花山温泉　（TEL073-471-3277）

　花山温泉は、奈良時代に行基菩薩によって見つけられたといわれ、天皇の熊野行幸の時は必ず入湯されたと伝えられています。含二酸化炭素・鉄・カルシウム・マグネシウム・塩化物・炭酸水素塩泉で、源泉かけ流しのお湯は、含有成分が多いため、沈殿物も多く赤い色をしています。神経痛、筋肉痛、関節痛、五十肩などに効能があります。また飲泉もできます。湧出したときは無色透明ですが、空気に触れると鉄が酸化した赤い色に変化するという関西では珍しい温泉です。

(柴山)

和歌山　7

立神の水
たてがみ　みず

海南市下津町引尾

JR紀勢線の「加茂郷駅」で下車し、徒歩で、県道166号線を東に鴨川に沿って上流へ行きます。約5kmありますので、車で行かれる方がよいでしょう。車の場合は阪和自動車道の下津ICで降り、県道166号線に入り、東に進みます。引尾の集落に行くと立神神社があります。湧き水はその境内にあります。

この湧き水のある立神神社は、京都の上賀茂神社の流れを汲む豊作の神様であり、200年程前から続く雨乞い踊りで有名です。また、境内には二つの大きな岩がそそりたつ雌雄岩があり、二つの岩を結びしめ縄がかけられています。その前には天然記念物のオガタマの老樹があります。

この湧き水は立神神社に入ってすぐ右手にあります。700年も前からこの水は利用されてきました。やや甘みがある飲みやすい水です。

〈湧き水データ〉水温：6.0℃（気温10.1℃）　pH：7.0　Fe：0　硬度：100　周辺地質：結晶片岩

周辺の湧き水

○**白倉湧水**　立神の水から南西約7kmにある白倉山の中腹にある坑道から流れ出る水をためた湧き水があります。熊野古道の脇でもあります。しかし、にごって飲むことはできません。

立神の水

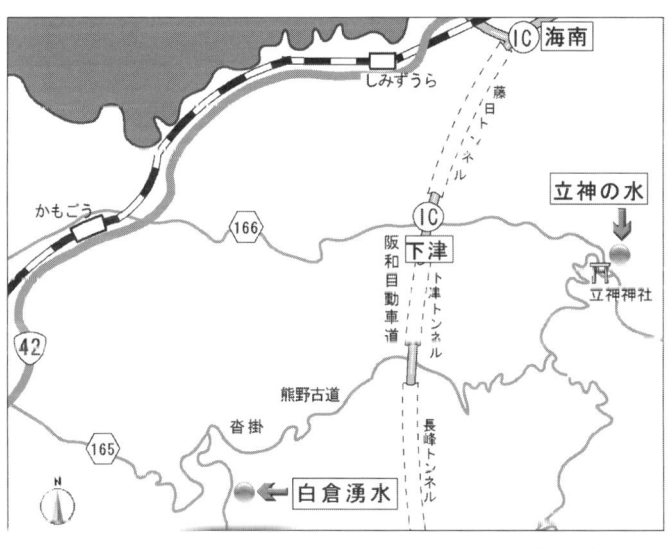

立神の水　143

周辺たちよりスポット

○**下津町付近の熊野古道**　熊野古道が海南市を南北に通っていますが、下津町では下津ICのすぐ西付近に当たります。この付近の熊野古道沿いに王子社跡がいくつかあります。橘本(きつもと)王子社跡、所坂(ところざか)王子社跡、一壷王子社跡などです。橘本王子社や所坂王子社は、下津ICの西にある橘本神社に合祀されています。

○**橘本神社**　（TEL073-494-0083)

　橘本神社は全国でも珍しいみかんとお菓子の神様です。御祭神の田道間守命は、垂仁天皇の命を受け長寿の霊菓とされる橘（現在のみかんの原種であるタチバナ）を中国から日本で最初に持ち帰り、この場所に植えられ、それが品種改良され、現在のみかんになったといわれています。また昔は、お菓子がなかった頃、この橘の実を加工してお菓子にしたことからお菓子の神様として祀られています。　　　　　　　　　　　　　　（柴山）

滋賀　1

長浜八幡宮の御神水

長浜市宮前町

　JR長浜駅下車、駅前通りより一つ北の大手門通りを東へ徒歩10分。大きな石の鳥居をくぐり、緑陰の中、参道を歩いて境内に入ると、市の名勝文化財に指定されている放生池のほとり（社務所側）に御神水が湧出しています。車の場合は、長浜ICを降りて西へ進み、国道8号線を南へ三つ目の信号を右折。敷地内に駐車場があります（大晦日は利用不可）。

　湧き水のある長浜八幡宮は、延久元年（1069年）、源義家公が後三条天皇の勅願を受け、京都の石清水八幡宮より御分霊を

長浜八幡宮の御神水

清々井戸

迎えて祀ったのが由来とされており、長浜曳山まつりや紫陽花でも有名なお宮さんです。

　古来より生命の源として放生池に流れ込むこの御神水は、伊吹山系の伏流水を地下からポンプで汲み上げた清浄な湧き水で、お茶やコーヒー、ご飯炊きなどに用いるため遠く岐阜や名古屋からも汲みに来る人が後を絶たず、また薬効があるという古くからの言い伝えで、霊験あらたかな神秘的な水として人気があります。

　飲んでみるとくせがなく、のどごしもさわやかでおいしい水でした。また、同じ境内にある「清々井戸」の水は、曳山まつりの際、青年たちの禊の水として使われています。

〈湧き水データ〉水温：16.4℃（気温：20.0℃）　pH：7.5　Fe：0.2以下　硬度：50　周辺地質：砂、れき、粘土

かどやさんの井戸

周辺の湧き水

○和洋菓子…菓富庵かどやさんの井戸（TEL0749-63-8000）

　良質の地下水を汲み上げており、飲料水としても最適、お持ち帰り自由です（大手門通り）。

周辺たちよりスポット

○長浜大手門通り・北国街道　豊臣秀吉が天下統一への礎を築き始めた地、長浜は、長浜城をはじめ秀吉ゆかりの名所旧跡が多く、また、楽市楽座による長浜商人の繁栄の跡があちこちにしのばれ、歴史情緒あふれる街です。大手門通りや北国街道沿いには、古い街並みを生かしたり再現するなどした個性的なお店が集い、魅力いっぱいの観光スポットとして大人気です。

○自然工房　石ころ館（TEL0749-68-1015）

　石をテーマにさまざまな装飾品や雑貨品を扱っているお店

長浜八幡宮の御神水　147

で、お手製のオリジナルアクセサリーも作れます(大手門通り)。

○**黒壁スクエア**　(北国街道沿い、TEL0749-65-2330)

　江戸から明治時代にかけての建造物である商家や蔵を利用したギャラリーや雑貨店、飲食店などが並ぶ一角の総称。古い銀行跡を改装した「黒壁ガラス館」、商家のたたずまいをとどめた「黒壁美術館」を中心に約30館が点在しています。

(松崎)

滋賀 2

いぼとり水

米原市上丹生

　JR東海道本線「醒ヶ井駅」で下車し、湖国バスの醒ヶ井養殖場行きに乗り「上丹生」で降ります。丹生川と宗谷川の合流付近の道沿いに公園に整地された広場に、いぼとり水が湧き出ています。車では、国道21号線で醒ヶ井駅前の交差点を、県道17号線に入り醒ヶ井養鱒場方面に南下します。丹生川に沿って約3km行くと、丹生川と宗谷川の合流付近の手前の広場にいぼとり地蔵といぼとりの水があります。

　いぼとり地蔵は、いぼに悩む人の身代わりのお地蔵さんとし

いぼとり水

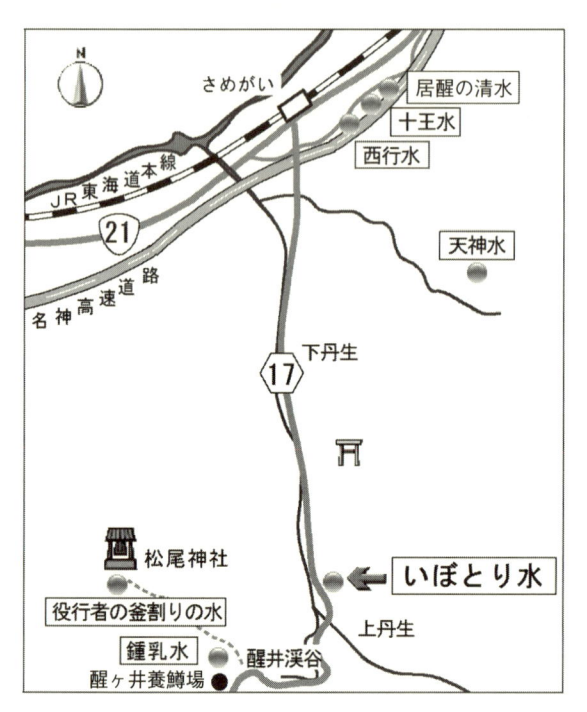

て、大切にされています。いぼとり地蔵の祠の横にいぼとり水が湧き出ています。この水は飲み水として飲用するのではなく、いぼに塗るといぼがとれると言い伝えられています。また、この水を使って音色の良い水琴窟があります。

〈湧き水データ〉水温：15.8℃（気温：29.9℃）　pH：6.9　Fe：0.2以下　硬度：10　周辺の地質：砂岩泥岩、チャート、石灰岩

周辺の湧き水

醒ヶ井付近には湧き水が数多くあります。これらの湧き水は、主に石灰岩でできている霊仙山（1094m）の地下水が源で

す。

○**役行者の斧割りの水**　いぼとり水から橋を渡って宗谷川に進み、醒ヶ井渓谷に向かい、養鱒場入り口に車を止め、徒歩で松尾寺参道を登ります。坂道を進むと、霊山三蔵記念堂付近にある鱒井楼別館の横に、この湧き水があります。

○**西行水**　醒ヶ井駅前の国道21号線を渡り、旧中山道を地蔵川に沿って進むと泡子塚の看板があり、お地蔵さんのお堂と駐車場の広場があります。その奥に崖があり下の岩間から水が湧き出ています。これが西行水です。

　西行水は泡子塚の伝説によると、西行の飲み残したお茶を飲み干した娘が子どもを生み、再び訪れた西行がことの顛末を聞き、わが子なら元の泡に戻れとさとしたところ、泡になって消えたという話です。その子をまつる泡子塚が湧き水の脇に祀られています。

○**十王水、居醒の清水**　「十王水」は、昔、浄蔵水と呼ばれていましたが、後に近くにあった十王堂に因み、今の呼び名になりました。流量が豊かで地蔵川に流れ込んでいます。

　「居醒の清水」は、地蔵川の源流です。地蔵川は年間を通じて水温が14℃前後で、7〜8月にはキンポウゲ科の「梅花藻(バイカモ)」が速い清流から水面に白い花をのぞかせます。かつて日本武尊が伊吹の大蛇を退治しにきた折、熱病にかかりこの清水で冷やしたとの伝説が残っています。また、湧き水の近くには蟹の形に似た「蟹石」があります。これは、美濃地方では捕えた蟹に水を飲ませようと地蔵川につけたところたちまち石になったといわれているものです。

○**そのほかの湧き水**　醒ヶ井周辺にはこれらのほかにも多くの

西行水

十王水

居醒の清水

湧き水があります。例えば、居醒の清水の裏山の谷間にある集落の中にも「天神水」があります。湧き出した水が池のようにたまっていて、ニジマスが放流されています。また、醒ヶ井養鱒場の中にも「鍾乳水」があり、養鱒の水に使われています。

周辺たちよりスポット

○**地蔵川の梅花藻** 地蔵川の水源である居醒の清水は醒ヶ井の三清水の一つです。清流は年平均15℃前後で、梅花藻が群生しています。初夏から晩夏ごろに白い花が流れに咲き、観光名所になっています。

○**加茂神社と地蔵堂** 地蔵川にそって加茂神社や延命地蔵堂があります。加茂神社は別雷命(わけいかづちのみこと)と応神天皇が祀られています。境内の石垣の下から居醒の清水が湧き出しています。地蔵堂には、かつて旱魃時に伝教大師が花こう岩に彫った3m近くもある地蔵菩薩が祀られています。そのおかげで三が日も大雨が降り続いたという伝えが残っています。別名「尻冷やし地蔵」とも呼ばれています。

○**醒ヶ井水の宿駅** 醒ヶ井駅の横に観光センターがあり、レストラン、特産品販売、ギャラリーなどがあります。湧き水を導いて飲めるようにし、また、豆腐作りができるようにもしてあります。

(平岡)

十王村の水
じゅうおうむら

彦根市西今町

　JR東海道本線「南彦根駅」で下車し、西へ徒歩約15分です。車の場合は国道8号線を長浜方面に向かい、彦根市高宮町交差点を左折します。JR東海道線を越えて小泉町交差点を左折し、西今町交差点に至ります。

　環境庁（現・環境省）が選出した名水百選の一つであり、湖東三名水（他の二つは五個荘清水鼻の水、醒井の水）の一つにも数えられています。水源の周りは石組みで囲まれていて、水源地中央には地蔵堂が建っています。祭神は水神あるいは竜神として祀られ、時を経るとともに地蔵尊として祀られるようになりました。この村で育った娘が子どもを生んだが母乳が出ず、この水を飲んだところたちどころに母乳の出がよくなりました。母乳の地蔵尊としても親しまれています。

　水を汲むためには石垣で囲まれた中に階段を使って降りていくことになります。石碑のような石に管が差し込まれており、水はそこから流れ出しています。管を通ってこんこんと湧き出る水は水量も豊かです。口あたりはさわやかで甘みを感じます。近所のお店がお酒の仕込みや豆腐つくりに利用しているとのことです。

〈湧き水データ〉水温：14.3℃（気温34.1℃）　pH：7.1　Fe：0.2　硬度：50　周辺地質：砂、れきなど

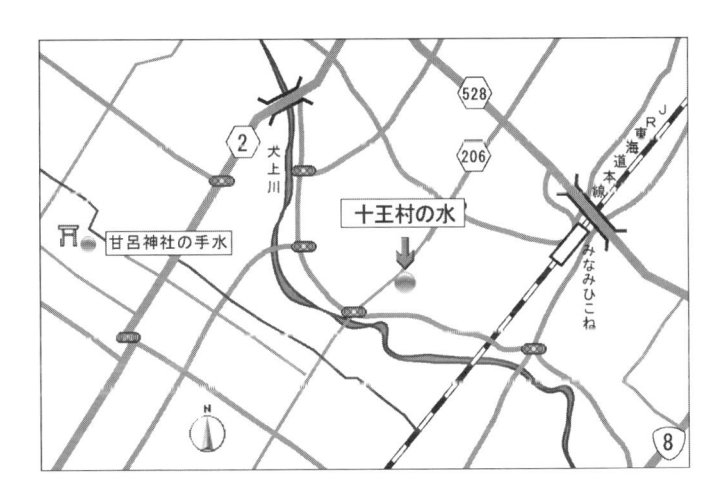

十王村の水

十王村の水　155

周辺の湧き水

○甘呂神社の手水

「十王村の水」の約1.5km西に甘呂神社の手水と呼ばれる湧き水があります。神社の境内の池のようなところがその湧き水の場所です。池の底から湧き水がぽこぽこと出ています。手水はその横にある手水鉢に水が竜の口から出るようにしてあります。

〈湧き水データ〉水温：14.7℃（気温30.5℃）　pH：7.1　Fe：0.2以下　硬度：50　周辺地質：砂、れきなど

周辺たちよりスポット

○長命寺（TEL0748-33-0031）

近江八幡市にある西国三十一番札所です。およそ800段の階段を登ったところに本堂があります。開祖は聖徳太子といわれています。境内から見る近江の国はすばらしい風景をしています。

○休暇村近江八幡（TEL0748-32-3138）

長命寺のほど近くにある琵琶湖畔の温泉地です。泉質は単純温泉で効能は神経痛、筋肉痛、五十肩、慢性消化器病、健康増進などです。露天風呂からは琵琶湖のすばらしい景色を一望することができます。

○彦根城（TEL0749-22-2742）

彦根藩井伊家三十五万石の居城だったお城で、堀や石垣、天守閣などは当時のままの姿で残っています。国宝四城の一つでもあります。

（芝川）

滋賀 4

世継のかなぼう

坂田郡近江町世継

　JR東海道線「米原駅」で下車し、北西方向に約2.5kmの方向にあります。米原駅の西側に出てバスに乗り、天野川を越えて世継で下車します。車では名神高速道路の米原ICで降り、国道21号線の西円寺交差点まで行き、国道8号線に入り、北上し約2kmほど行ったところで県道235号線に入り、琵琶湖の湖岸に向かって進みます。湖岸に出たところが世継の集落です。集落内は道が狭いため、集落の入り口付近で車を止め、徒歩で井戸に向かいます。

　この集落の横を流れる天野川はかつて「息長川」と呼ばれ、明治になって「天ノ川」に呼称が変わったと記されています。しかし、不思議なことに七夕伝説が「世継の七夕伝」として先行し、なぜか川の呼び名までが変わったというロマンチックな伝説が残っています。伝説の舞台は天野川の右岸にある蛭子(えびす)神社と左岸にある朝妻神社で、古墳時代、叔父（星河稚

かなぼう

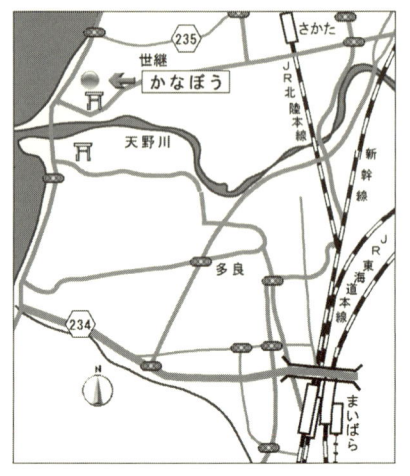

宮皇子）と姪（朝嬬皇女）の許されざる恋物語に端を発しています。現在、蛭子神社にある自然石が朝嬬皇女の墓（彦星塚）、朝妻神社にある石塔が星河稚宮皇子の墓（七夕石）とされています。毎年7月1日から7日間男性は姫宮（蛭子神社）に、女性は彦星宮（朝妻神社）に参り、7日の夜半2人の短冊を結び合わせて川に流すと2人は結ばれるといわれています。詳細は町報『近江』をお読みください。

　かなぼうは、近江町世継にある自噴井戸です。地中に鉄のパイプを打ち込んだところ自噴したという湧き水で、金気が多く野菜洗い用水として利用されています。

〈湧き水データ〉　水温：18.1℃（気温：32.9℃）　　pH：7　Fe：5
　硬度：10以下　周辺の地質：砂、れき、粘土

　周辺たちよりスポット
○**蛭子神社と朝妻神社**　上記のような七夕伝説による世継の蛭子神社の七夕石と米原町の朝妻神社の彦星塚を訪れ、古くから伝わるロマンチック伝説に思いを馳せてください。　　　（平岡）

滋賀 5

繖(きぬがさ)トンネルの水

東近江市五個荘町北須田

JR東海道本線「安土駅」で下車し、県道2号線を北上し安土山の北腰峠を越えて約4km行くと繖トンネルのほうに向かう道に出会います。右折してトンネルの方に1kmほど行くと入り口になりますが、その入り口の右横に湧き水があります。車では名神高速道路を竜王ICで降りて、県道477号線を北上し、十王町の交差点で右折して県道2号線を北上、繖トンネルへ入る交差点まで行き、右折してトンネル入り口まで行きます。

西国三十三所めぐりの第三十二番札所である観音正寺のある繖山の北部に、五個荘町と能登川町を直結するトンネルができたのは1997年でした。トンネル掘削中に湧き水があり、工事の終了時に伊庭正厳寺の福島住職の申し出によって、パイプで能登川町まで導きました。

繖トンネルの道路が旧道と立体に交差しているすぐ右下に湧き水があります。旧道との交差付近に駐車場が作られ、杉林の下に湧き水がトンネルからパイプで導かれています。保健所の水質検査では煮沸前提で飲用可になっています。試飲してみるとおいしく飲みやすい水でした。

〈湧き水データ〉水温：18.0℃（気温：32.4℃）　pH：6.9　Fe：0.2以下　硬度：50　周辺の地質：流紋岩

水利用の皆様へ

この水はトンネル以前の際に噴出したもので、トンネル清掃用として引水したものです。たまたま水質も良いので、裏池にも利用して頂いています。飲用として小学生が飲んでいるが、大丈夫かと言う者が出て来ました。責任は誰がとるのだとしてパスしていますが、更に責任は保健所の設置者は各自の自己責任は意下同度は低いと思います。後は小中学生ではかわいそうで利用してください。なおこの生水利用は飲者で注意してください。

設置者 福嶋正夫

纐トンネルの水

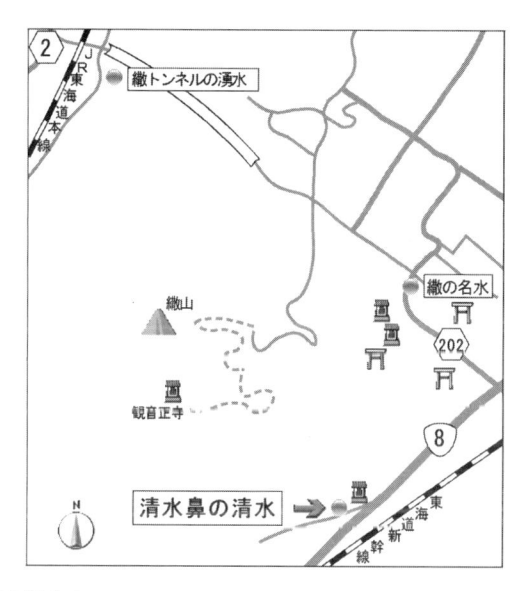

周辺の湧き水

○**繖の名水**　近くの五個荘観光センターの敷地内に湧水量は少ないが繖の名水があります。このセンターはこの名水を使って調理しています。また、食事を注文するとこくのあるおいしい湧き水が出されます。

○**ハリヨの里あれぢ**　宮荘町の住民が協力して整備された湧水地で、水量は琵琶湖の水位に関係するといわれています。減りつつある淡水魚ハリヨをこの湧き水で保護しています。ハリヨはトゲウオ科の魚で、滋賀県の東部平野と岐阜県の湧き水に生息する魚です。一年中水温が低く、流れが穏やかなところにすむ魚です。湧き水はその条件に合うのでしょう。　　　(平岡)

滋賀 6

清水鼻の清水

東近江市五個荘町清水鼻

　JR東海道線の「安土駅」で下車し、県道201号線を東に進み役場の前で左斜めに入る道があります。繖山（きぬかさやま）(433m) 南麓をまわる道で、旧中山道の一部です。約3km進むと、進行方向の左手に名水の石碑と井戸と水飲み場があります。また、近江鉄道本線「五個荘駅」で下車し、国道8号線を南に約2.5km歩いても行くことができます。車では名神高速道路を八日市ICで降り、国道421号を西に進み、友定町の交差点で国道8号線を東海道新幹線に沿って北上し、安土町で新幹線をくぐった辺

清水鼻

りが清水鼻です。旧中山道を西に戻る形で150mほど行った、浄敬寺の下にあります（161頁の地図を参照）。

西国三十三所の第三十二番の札所・観音正寺のある繖山南麓の清水です。清水鼻は旧中山道の宿場町として栄えたところです。

旧中山道に面した清水は古くから街道を行き来する人たちののどを潤したことでしょう。ここの湧き水は、十王村の水、醒井の水と湖東三名水に数えられています。

〈湧き水データ〉水温：16.3℃（気温：31.4℃）　pH：7.1　Fe：0.5　硬度：0　周辺の地質：流紋岩

　周辺の湧き水
○**繖山観音正寺**　繖山にある観音正寺は聖徳太子にゆかりのある古いお寺で、西国三十三所の第三十二番札所です。本堂横の井戸から霊水が湧き出しています。「観音水」といわれ、境内の他の場所でも汲むことができます。また、時間があれば繖山の自然も楽しんでください。

　周辺たちよりスポット
○**安土城**　織田信長が天下統一のために標高199mの安土山の頂上に建築した城で、現在では城跡が公園として整備され、当時を偲ぶことができます。近くに「安土城考古博物館」があり、JR安土駅近くには「安土城郭資料館」もあります。

（平岡）

滋賀 7

金剛寺湧水

近江八幡市金剛寺町

　JR東海道線「近江八幡駅」で下車します。駅の南出口を出て東南東方向に約1kmのところにある金剛寺町の金田小学校付近に向かいます。小学校と道路を挟んで反対側に若宮神社があります。その神社への参道左に公園があり、その中に湧き水があります。

　車では名神高速道路を竜王ICで降り、国道477号線を北上し、西横関交差点で右折して国道8号線に入り、友定町交差点を左折し、県道26号線に入り、金田小学校前まで向かいます。

金剛寺湧水

この付近は、東南部に位置する鈴鹿山系に源を発する水が地下に伏流水として潜り、近江平野の田園部で自噴水として数多く湧き出ています。近くにも浅小井湧水、梅の川（北川湧水）、清水鼻の清水などの多くの湧き水が見られます。

　金剛寺町の若宮神社前の広場に整備された湧き水をためる池があり、水底から砂を吹き上げるように湧き水が出ているのが見られます。『若水湧水由来紀』によると大化時代からの湧き水で地下7〜8ｍの地下水層からの自然湧水であったのが、近年はポンプアップしているとのことです。無味無臭で口あたりがよく、飲みやすいので生活用水に使われています。車で遠くから大きなポリ容器で汲みにきている方に尋ねるとおいしくて、コーヒーなどに常時使っているとのことでした。また、神社の横の用水路には、きれいな水が豊かに流れていました。

金剛寺湧水　165

〈湧き水データ〉水温：19.9℃（気温：30.4℃）　pH：7.1　Fe：0.2　硬度：50　周辺の地質：れき、砂、粘土

　周辺の湧き水

○**梅の川（北川湧水）**　　常浜水辺公園の近くに梅の川湧水や音堂川湧水があります。両湧水とも鈴鹿山系に源を発する伏流水です。水量が豊富で水田を潤し、川になって琵琶湖に注ぎ込んでいます。

　梅の川の湧き水は水量が豊富で、洗い物ができるように石垣で整備され生活用水として使いやすくなっています。

〈湧き水データ〉水温：16.6℃（気温：33.4℃）　pH：7.0　Fe：0.2以下　硬度：100　周辺の地質：れき、砂、粘土

○**浅小井町の湧水（湧水の里）**

　西の湖の南にある、近江八幡市浅小井町の八幡養護学校の横にあります。石垣に囲まれた湧水池の中ほどにある鉄製パイプから噴水のように自噴水が出ています。周りを鯉やアヒルが泳いでいて、のどかな湧水池ですが、自噴は琵琶湖の水位に影響されているとのことです。

(平岡)

福井　1

亭の水
ちん　みず

福井市高尾町

　JR越美北線「一乗谷駅」で下車し、県道31号線を足羽川の流れに沿って戻り、天神橋を渡ります。天神の交差点を右折し、国道158号線を約500m進むと左手に「亭の水」案内板があります。そこを左折して高尾の町内の道を進み、さらに未舗装の薬師神社の参道を進むと右手の少し奥の岩場から水が流れ落ちているのがわかります。車の場合は北陸自動車道の福井ICから国道158号線（美濃街道）を足羽川に沿って進み天神の交差点を通過後は上記と同じように進みます。

亭の水

古い記録では、中国に渡って目の治療を学び、この地で医療活動に携わった谷野一拍が、亭の水を眼科に使ったとあります。亭の水を少し奥に進むと薬師神社があります。

　横に立ててある看板の説明文には「老松の下より湧き出る泉は、その水清く、夏はかえって水量を増し、約一間の絶壁より直下し、約6坪の泉水となっている。古来より眼病に妙なりと伝えられ、遠近より薬師神社に参詣し、水を求める人が多い……」とあります。

〈湧き水データ〉水 温：15.2℃（気 温：26.0℃）　pH：7.8　Fe：0.2以下　硬度：50　周辺地質：安山岩

周辺たちよりスポット

○永平寺　曹洞宗大本山の永平寺が近くにあります。やや上流の高田から北へ有料道路を通って行くことができます。1244年に道元によって建立され、現在でも200人の僧が修行しています。本堂の建物の奥の方に格子戸で区切った小さな部屋があります。その中に白山水の湧き水があります。看板と説明文があり、それによると白山連峰の湧き水で開祖道元にお供えする霊水とあります。

　　　　　　　　　　　　　　　　　　　　　　　　（平岡）

福井　2

イチョウの木の清水

丹生郡越前町乙坂

　JR北陸本線「福井駅」から京福バスに乗り、「乙坂バス停」下車、徒歩10分。車の場合は北陸自動車道の鯖江ICから鯖江市内に入り、国道417号線を越前海岸に向かって進みます。朝日大橋の手前で右折、広域農道から主要地方道福井・朝日町・武生線に入り天王川を渡ると乙坂の集落です。この集落でひときわ目立つ大きなイチョウの木の根元から清水が湧き出ています。

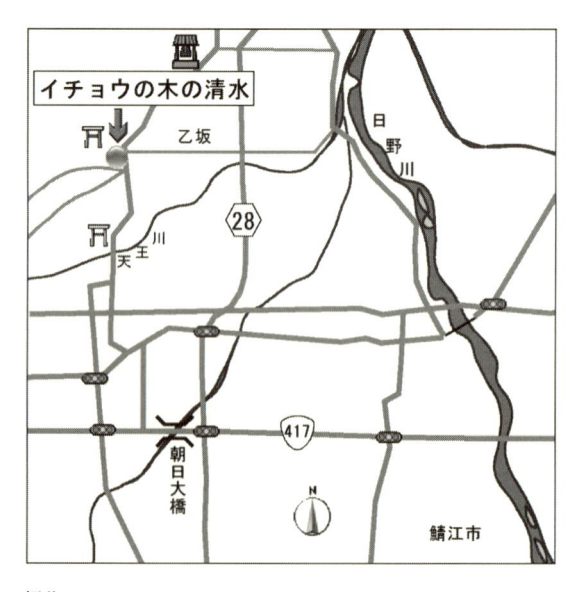

この大きなイチョウの根元に清水がある

乙坂の風景を見に来た豊臣秀吉がこの清水を飲み、あまりのおいしさに感動して、記念にイチョウの幼木を植えたことから「イチョウの木の清水」と呼ばれるようになったといわれています。こののどかな集落には他にもたくさんの清水が湧き出ていて、昔から酒造りなど生活用水としても地元の人々に親しまれてきました。

　乙坂山の南のふもとにあり、崖の下から湧き出ている清水は飲んでみるとコクがあり、舌ざわりがキリリとしています。

周辺の湧き水

○**独鈷水**　朝日町には、泰登大師が修行し悟りを開いたと言われている越知山に、いかなる病をも治すといわれる霊水が岩の穴より吹き出ています。越知山に登る道の途中のため徒歩でしか行けません。

○**御前水「延命水」**　八坂神社の境内にあり、あらゆる病の予防になるといわれている湧き水です。

○**仏じりの水**　織田町には、山中を流れる谷川の清水があり、この水で洗うとイボや傷が治るといわれています。

○**解雷ヶ清水**　武生市には、昔、戦火を逃れ越前海岸に流れ着いた百済の姫君がのどの渇きに苦しみ、お祈りしたところ落雷の響きとともに湧き出たとも、また、姫君の馬が岩を蹴って湧き出たともいわれている湧き水があります。夏でも冷たく、今でも人々の生活に欠かせない簡易水道の水源にもなっています。

〈湧き水データ〉水温：14.4℃（気温：27.4℃）　pH：7　Fe：0.2以下　硬度：50　周辺地質：安山岩などの火山岩

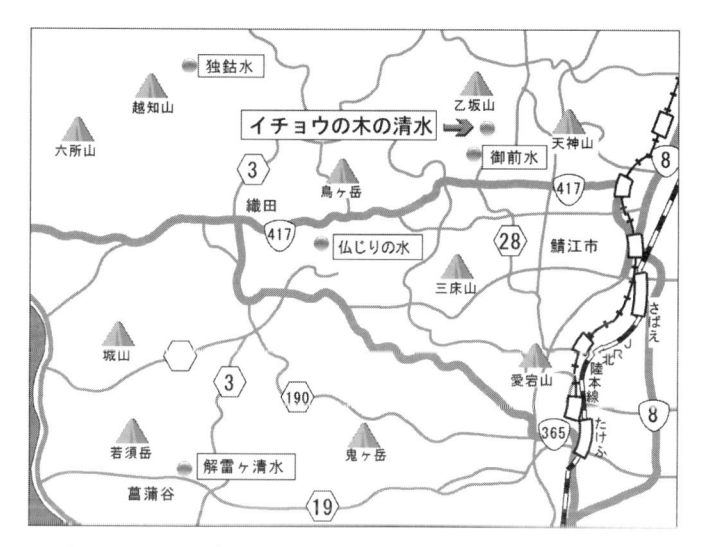

周辺たちよりスポット

○**越前海岸**　海をながめながら越前海岸のドライブをおすすめします。日本海の荒波に削られた、迫力ある断崖絶壁が約50km以上も続きます。

○**越前水仙の里公園**（TEL0776-89-2381）

　この公園にある水仙ドームでは、水仙が一年中甘い香りを一面に漂わせています。高台にある水仙ミュージアムからは日本海を一望でき、夕暮れには水平線に沈む日本一美しい夕日をながめることができます。

○**越前温泉**（TEL0778-37-2360）

　越前町にあるこの温泉では、夜には幻想的な漁火をながめながら入る露天風呂など、冬は越前ガニ、春から夏にかけてはアワビやサザエなどの魚介類と四季折々の海の幸を楽しむことができます。

(香川)

福井　3

甘露泉
かんろせん

福井市徳尾町

　JR北陸本線「北鯖江駅」で下車します。県道を東に進み、最初の信号がある交差点を左折してしばらく行くと禅林寺が見えてきます。車の場合は北陸自動車道の鯖江ICで降り、国道8号線を北上します。御幸交差点を右折して北陸自動車道の下をくぐり、最初の信号を左折して徳尾町に入ると右側に禅林寺が見えてきます。湧き水は寺の境内にあります。

　周りの雑踏を避けるかのように徳尾町の集落の中にひっそりと禅林寺はたたずんでいます。正面から参道を進むと禅林寺の本堂が見えてきます。境内に入り、本堂の左手に甘露泉があります。

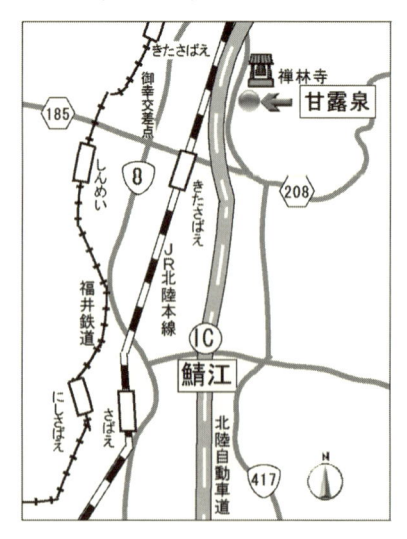

　禅林寺の裏山にあたる文殊山がこの湧き水の源になります。水源には三十三観音が安置されています。境内には石積みが施されており、竹筒で引いて汲めるようにしてあります。1405年に普済善救禅師がこの寺を開いた

甘露泉

ときに甘露泉と命名されました。以来600年間涸れることなく湧き続けています。飲んでみるとまさしく名前のとおりまろやかな甘味を感じることができます。ご飯を炊いたり、お茶を沸かしたりするのに適していることから地元の人ばかりでなく、遠方からも水を汲みに来る人が絶えません。北陸電力が選定した北陸名水100選に指定されています。

〈湧き水データ〉水温：15.5℃（気温：31.7℃）　pH：7.5　Fe：0.2以下　硬度：100　周辺地質：安山岩など

周辺たちよりスポット

○うるしの里（福井県鯖江市西袋町、TEL0778 - 65 - 2727）

　甘露泉から南に向かい、御幸交差点を左折すると見えてきます。越前漆器産業の振興などを目的とした施設です。伝統的漆産業や現代的な漆器を紹介しています。職人による漆絵付けの

実演見学や絵付けや沈金などの体験もおこなっています。
○**かわだ温泉**（福井県鯖江市上河内町、TEL0778－65－0012）
　「北陸福井の公共の宿　かわだ温泉ラポーゼかわだ」は、うるしの里の近くにあります。泉質は全国でも珍しい肌をすべすべにする重曹泉と動脈硬化に効く芒硝泉（ぼうしょうせん）の混合泉です。日帰り、宿泊ともに可能です。
　　　　　　　　　　　　　　　　　　　　　　　　（芝川）

湧き水めぐりに便利な道具

ガイドブック	地図
ペットボトル	じょうご
ひしゃく	コップ
タオル	小銭
虫除けスプレー	

福井 4

板垣トンネルの水

今立郡池田町

　JR北陸本線「武生駅」で下車し、福鉄バスの池田町方面行きに乗り、「市」のバス停で下車します。約50分かかります。バス停から徒歩約3kmで板垣トンネルの入り口に着きます。入り口の手前右側に湧き水があります。車の場合は、北陸自動車道鯖江ICで降り、国道417号線を東に進み、板垣トンネルを越えます。トンネル出口を出たすぐの左側にあります。

　道路の側に新しいお堂が建てられています。その右側からパイプによって手水鉢のようなところに注ぎ込んでいます。パイプのところから湧き水を汲み取ることができます。交通量はそれほど多くないかもしれませんが、周囲に駐車スペースも少な

板垣トンネルの水

いため水を汲む場合には注意を要します。

　パイプから出ている水量は豊富というほどではありません。口に含んでみるとほんのりとした甘味を感じます。いつまでも飲み飽きることのない味をしています。

〈湧き水データ〉水温：15.2℃（気温：26.0℃）　pH：6.8　Fe：0.2以下　硬度：15　周辺地質：安山岩

　周辺たちよりスポット
○しぶき温泉「湯楽里」（武生市白崎町、TEL0778－25－7800）
　ナトリウム炭酸水素塩泉（低張性弱アルカリ性高温泉）の温泉で武生駅の南西側にあります。高台に建っており風呂からの展望もよく「美人の湯」としても有名です。効能は切り傷、神経痛、筋肉痛、関節痛、冷え症、疲労回復、健康増進などです。
○紫式部公園（武生市東千福町、TEL0778－22－3007）
　昔、紫式部は父の藤原為時が越前国守に任じられたときに、国府のあった武生に滞在していました。当時の紫式部を偲んで造られた公園です。この公園は全国でも珍しい寝殿造庭園です。金箔でつくられた紫式部像のほか、池のほとりには再現された釣殿があります。釣殿は総檜造りで「紫式部日記絵巻」に出てくるような舟遊びの乗降場所でもありました。　（芝川）

福井 5

たらたら山白竜瀧の霊水

勝山市村岡町浄土寺

　京福電鉄越前本線「勝山駅」で下車します。九頭竜川にかかる勝山橋を渡り、国道157号線の長山町の交差点を直進します。700mぐらいで浄土川を越え、右折し約2km進むと右手に「たらたら山霊場」の石塔があります。橋を渡り、山麓に沿って200m下流方向に歩きます。大きなそそり立った岩があり、その岩の下に穴があり、その天井から水が出ています。車の場合は、北陸自動車道を福井北ICで降り、国道416号線（勝山街道）を九頭竜川沿いに東進し、長山町の交差点で左折し国道157号線に入り、徒歩と同様に浄土川に沿って上流に向かいます。石塔の横の駐車場に車を止め、徒歩で橋を渡って白竜瀧へ向かいます。

　雨水が白亜紀前期の流紋岩質からなる大師山（550.3m）の地層に透水し、北麓斜面の岩の間から湧き出しています。この水は平泉寺白山神社にある御手洗池が源泉といわれています。かって境内の池に米糠を流せば7日7夜で白竜の瀧に届き、再び地中に潜って三国の東尋坊に注いだと伝えられています。

　流紋岩質の崖壁の底部、1mくらいの凹部の天井あたりから多量の水が流れ出ています。地元の方がポリ容器をたずさえて汲みに来ておられ、昔は馬に乗って汲みに来ていたと話されていました。流紋岩質の地層を透過することにより、ミネラル

たらたら山

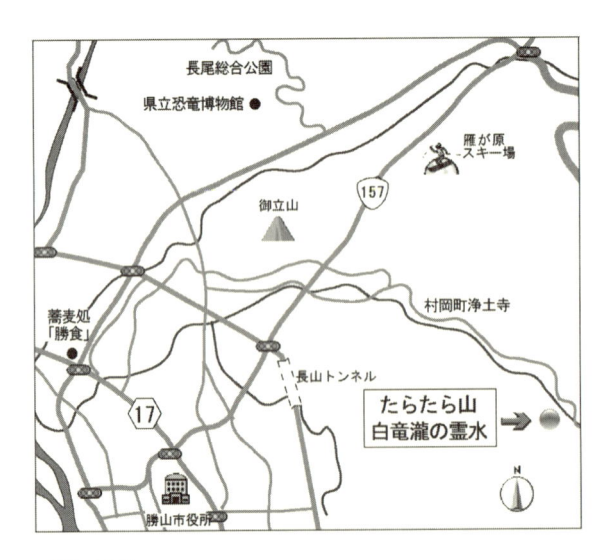

180　福井

分を含んでいるためか、飲んでみると甘くてきりりと冷たくて、おいしく、後味は壮快感があります。看板によると「飲用すれば開運につながり、養命水、病気直しの水となり、定業尽くした者は楽往生できる」と紹介されています。

〈湧き水データ〉水温：13.3度（気温：27.7度）　pH：6.5　Fe：0.2以下　硬度：10　周辺の地質：流紋岩

　周辺立ち寄りスポット
○福井県立恐竜博物館（TEL0779-88-0001）
　1982年に1億2千年前の恐竜化石がこの近くで発見され、勝山市に設立された大型恐竜博物館。勝山市は、日本一の恐竜化石発掘量で、現在も発掘調査がおこなわれています。
○越前そば処　勝食（かつしょく）（TEL0779-88-0519）
　勝山市内の村岡町に創業が大正時代というそば処があります。おろし蕎麦は蕎麦とおろしの組み合わせで絶妙な味をつくり出しています。
（平岡）

福井　6

御清水
おしょうず

大野市泉町

　JR福井駅から越美北線で越前大野駅下車、徒歩20分。車の場合は、北陸自動車道の福井ICから国道158号線を東へ29.5km走った先を左折、県道476号線を2km進み、有終西小学校交差点を直進します。道が細いので車の運転には十分注意を。すぐ横に無料休憩所の御清水会館と駐車場があります。

　水の町として知られる大野は、白山水系の地下水が豊富で、町のいたるところに湧水池が点在しています。その中でも、日本名水百選に選ばれた御清水は、古くはお殿様のご用水として

御清水

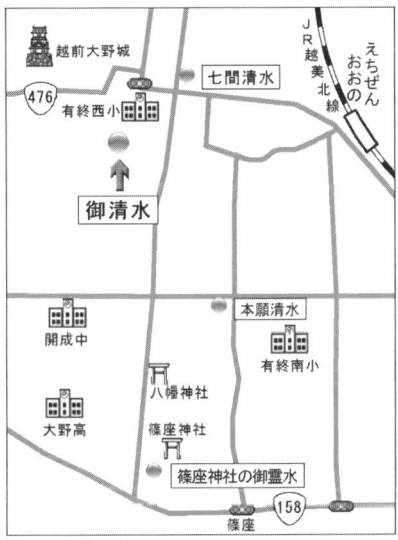

も使われていたことから「殿様清水」とも呼ばれていますが、飲用以外にも生活用水として広く利用され、大野の人々の暮らしの中に今もしっかりと息づいています。

御清水の洗い場には、誰が言うともなく自然と守られてきたルールがあり、水源に近いほうから順に水飲み場、野菜の洗い場、洗濯場となっています。飲んでみますと、さっぱりした口当たりで、やや甘味があり、おいしい水です。

〈湧き水データ〉水温：14.1℃（気温：30.5℃）　pH：6.5　Fe：0.2以下　硬度：50　周辺地質：砂、れき、粘土

周辺の湧き水

○篠座神社の御霊水　赤い鳥居に向かって石段を降りると、右に広がるのが天女ヶ池で、その一隅に御霊水が湧いています。

古くから眼病に霊験があるとされており、不治の眼病に苦しんでいた絵師の菱川師福も篠座の大神に祈りをささげ、その御利益あって全治したとか。以前は湧き出ていた水も今はポンプアップされています。無臭で冷たくやや甘味があり、おいしい水です。

〈湧き水データ〉水温：14.2℃（気温：27.4℃）　pH：6　Fe：0.2以下　硬度：20　周辺地質：砂、れき、粘土

○**本願清水（ほんがんしみず）　イトヨの里**　御清水と同じ水系である本願清水は、昭和9年（1934年）にイトヨの南限地として国の天然記念物に指定されました。

　イトヨはきれいな冷たい水の中でしか生息できない魚で、水のまち大野のシンボル。このイトヨが生息している本願清水の環境そのものが天然記念物の指定を受けたわけです。篠座神社の水より甘味が少なく、さっぱりした口あたりの水です。

〈湧き水データ〉水温：15.5℃（気温：30.1℃）pH：6.5　Fe：0.2以下　硬度：50　周辺地質：砂、れき、粘土など

○**七間清水（しちけんしみず）**　七間通りにある南部酒造は創業明治34年の老舗で、もともと南部家は大野藩の御用商人であったといいます。この蔵元の前につくられている水場「七間清水」は、当家秘蔵の醸造用水として井戸から汲み出され、古くからご神水として尊ばれてきました。すっきりとさわやかなのどごしの水です。

〈湧き水データ〉水温：16.1℃（気温：32.0℃）pH：6.0　Fe：0.2以下　硬度：20　周辺地質：砂、れき、粘土など

周辺たちよりスポット

○**大野市**　北陸の小京都と呼ばれる越前大野は、周囲を1,000

篠座神社の御霊水

本願清水

七間清水

御清水　185

m級の山々に囲まれた情緒豊かな城下町で、越前大野城や武家屋敷（旧内山家）といった名所旧跡も多く、豊かな名水でつくり上げた地酒、そば、和菓子など土産品も豊富です。

　また、創業150年以上の老舗が立ち並ぶ七間通りは、400年の伝統を持つ朝市（冬期間を除く）が有名です。

○名水まんじゅう順和堂（TEL0779－66－2125）

　大野市の七間通りにある和菓子屋さんでは、名水で作ったくず餅などが売られています。冷たく冷やされおいしくいただけます。

○名水手打ちそば福そば支店（TEL0799－66－2595）

　大野の名水で打たれたそばは、当店独自の製法で仕上げられた味わい深いものです。御清水のすぐ近くにあります。

（松崎）

福井 7

御題目岩延命水

今立郡今立町粟田部

　北陸自動車道武生ICを出て東に進み、今立町粟田部で国道417号線に出ます。この国道(西山街道)わきに御題目岩の延命水があります。

　大きな岩の前に立派な屋根が作られ、中に手押しポンプがあります。ポンプを押して水を汲むと、冷たい水が出てきました。近隣の方も汲みに来られていました。後ろの大きな岩は、凝灰岩という火山灰などが固まってできた石です。その大岩の表面にお題目が刻まれていることから御題目岩と呼ばれています。この大岩の下から湧き出ていましたが、現在では手押しポ

御題目岩延命水

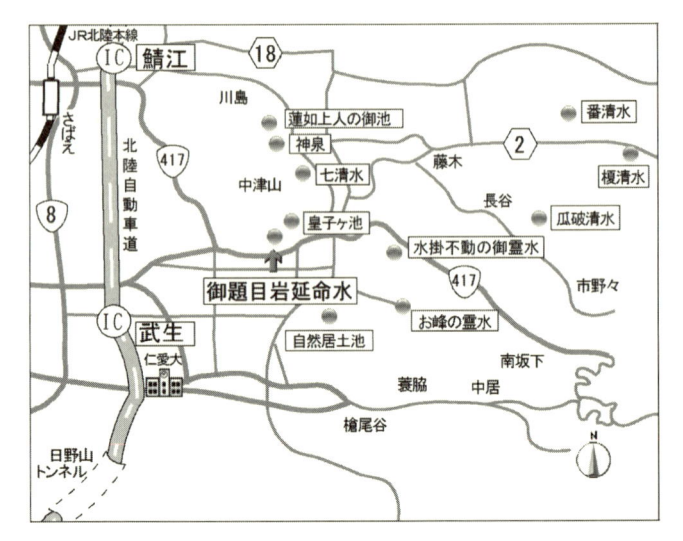

ンプで汲み上げています。

　ここの湧き水は、大島三郎右衛門という長者が、紀の国からこの地に移り住み、庄屋となり水を確保するために探し当てたといわれています。

　少し甘さが残るような感じの飲みやすい水でした。近所の方の話によると、1カ月雨が降らないときでも涸れたことがないそうです。また、お茶を入れたり、ご飯を炊いたりするときに使っているとのことでした。

〈湧き水データ〉　水温：18.5℃（気温32.2℃）　pH：8　Fe：0.2以下　硬度：60　周辺地質：緑色凝灰岩の下から湧出

周辺たちよりスポット

　今立町付近には多くの名水湧水があります。そのいくつかを紹介しましょう。

水掛不動の御霊水

○水掛不動の御霊水（今立町杉尾）　国道417号線を今立町から池田町へ向かうと道路沿いの杉尾集落付近に杉尾水掛不動明王があります。その不動明王の下から水が湧き出ています。

〈湧き水データ〉水温：20.8℃（気温：33.2℃）　pH：8　Fe：0.2以下　硬度100

○皇子ヶ池の水（今立町粟田部）　花筐公園のなかに、皇子ヶ池があります。この池の水は継体天皇の2人の皇子の産湯として使われたといわれています。現在はその脇にある井戸から手押しポンプで水が汲めるようにしてあります。

〈湧き水データ〉水温：16.6℃（気温：30.8℃）　Fe：0.2以下　硬度：25

○自然居士池（今立町不老）　199歳まで若いときの姿のままで生きた自然居士にちなんだ湧き水で、不老神社の石段の脇から湧き出しています。現在は写経の水として使われています。

皇子ケ池の水

〈湧き水データ〉水温：20.1℃（気温：32.6℃）　pH：6　Fe：0.2以下　硬度：20

○蓮如上人の御池（今立町新堂）　約500年前に蓮如上人がこの地に立ち寄った時、水飢饉で新堂の人たちが困っていたため、水が湧き出る場所を教えたという言い伝えがあります。小さな祠が立ててありその脇にある石囲いの中に水が湧いています。このままでは飲用は難しい状況です。

〈湧き水データ〉水温：17.5℃（気温：28.5℃）　pH：6.5　Fe：0.2以下　硬度：25

　このほかにも、今立町には、眼病に効くといわれる瓜破清水（今立町赤谷）、お峰の霊水（今立町大滝）、榎清水（今立町横住）、番清水（今立町東樫尾）、中津山地区七清水（今立町中津山）、雨乞い清水（今立町長五）、神泉（今立町赤坂）など多くの湧水があり、名水の里といわれています。　　　　　　　（柴山）

福井 8

コツラの清水

南条郡南越前町南今庄

　JR北陸本線「南今庄駅」下車、徒歩15分。車の場合は、北陸自動車道の今庄ICで降り、365号線を南へ進みT字路を右折、今庄の橋を渡り、JR今庄駅前を通りすぎ、すぐの交差点で県道207号線に入り、JR北陸線の高架をくぐって右折し、旧道に入り真っすぐ進むと「コツラの清水」の立て札が見えてきます。

　古来、木ノ芽峠を越える道は、北陸と京、越前と若狭を結ぶ主要な道であり、木ノ芽峠を往来する旅人はこの清水でのどを潤し、また、北陸巡幸の際、明治天皇に、この清水で沸かしたお茶を献上したともいわれています。

　今庄宿南端、木ノ芽峠と栃ノ木峠の分岐点「文政の道しるべ」の近くに、冷たい清水がこんこんと湧き出ています。

　無臭で、ほんのり口の中に甘みが残ります。この水を飲み、祀られている不動明王に祈れば安産すると言い伝えられ、お嫁さんのためにこの清水を汲んで帰る人の姿が今もよく見かけられるそうです。

〈湧き水データ〉水温：14.8℃（気温：25.8℃）　pH：6.2　Fe：0.2以下　硬度：15　周辺地質：砂岩、泥岩、チャートなど

コツラの清水

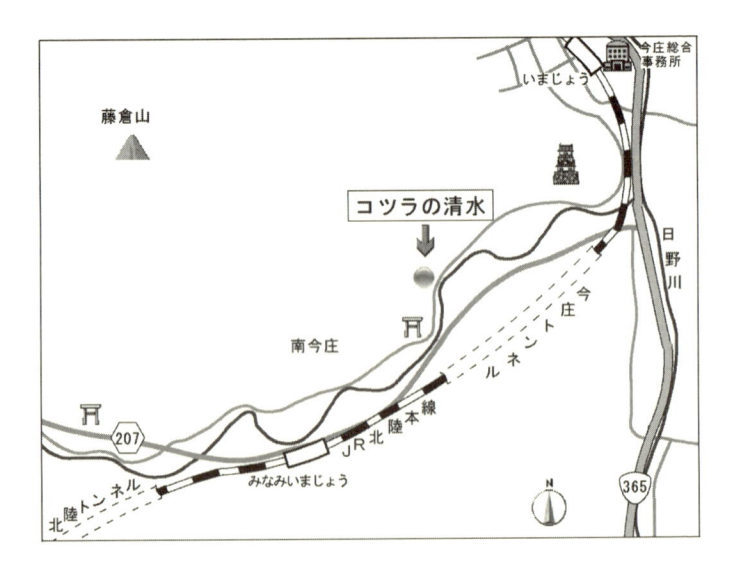

周辺たちよりスポット

○**今庄宿** JR今宿駅周辺は宿場として栄えた今庄宿といわれ、京の都と北陸を結ぶ北国街道の宿場街です。街には造り酒屋や昔風の家屋が多く残っています。当時の面影を残す街並みが約1km続き、ぶらぶら散歩するのも楽しいでしょう。

○**そば道場**（TEL0778－45－1385、要予約）

お水に恵まれた今庄は越前そばの発祥地でもあります。今庄そばはこしが強くて歯ざわりが格別、素朴な味が評判の太打ち麺で、特に大根の辛みの効いた「おろしそば」はおすすめです。

町内には町直営のそば道場があります。地元のおばちゃんたちの指導を受けながらそば打ちを体験できます。国道365号線をJR今庄駅より4kmほど南下し大門の交差点付近にあります。

○**今庄365温泉やすらぎ**（TEL0778－45－1113）

国道365号線を大門からさらに6kmほど南下し、今庄365スキー場への道に入り、山の上へ上っていきます。頂上近くのゲレンデ側にアルカリ性単純硫黄泉の今庄365温泉があります。慢性婦人病や神経痛、筋肉痛などに効能があるといわれています。露天風呂からの景色はすばらしいです。　　　　　　（香川）

三重　1

木屋の水
   こや

度会郡大紀町木屋

　JR紀勢線「川添駅」より約10kmあります。徒歩ではたいへんですので、車で行くと約15分です。車の場合は、伊勢自動車道の勢和多気ICで降り、国道42号線を尾鷲方面に南下します。大紀町の出谷交差点で左折し、役場脇の県道38号線に入り、道なりに進んで三叉路を右折し県道46号線に入ります。しばらくすると右手側に水場が現れます。地蔵のある祠が目印です。

　県道沿いの壁面にあるパイプから湧き水が勢いよく出ています。この付近は湧き水が多くいたるところから湧き出しています。水の取り口は2カ所あり、1カ所は水量が豊富で、無味無

臭で飲みやすい水です。あとの1カ所は左頁写真の左の丸い水桶に壁面から湧き水が出ています。また、車がそばを通っているので、注意してください。

〈湧き水データ〉水温：14.5℃（気温9.7℃）　pH：7.0　Fe：0.2以下　硬度：20　周辺地質：石灰岩、砂岩、泥岩など

周辺たちよりスポット

○こうもり穴　この湧き水の近くにある石灰岩の洞窟です。サイクリングコース途中の原生林の中にあります。名前からわかるように、洞窟の中にはこうもりが棲んでいて、岩にぽっかりと開いた穴がミステリアスな雰囲気をかもしだしています。

○昆虫館（TEL.0598-86-3940　大人300円）

　国道42号線にある道の駅「奥伊勢木つつ木館」の前にあります。世界の珍しい昆虫が、標本や映像、パネルなどで展示されています。静かな環境でじっくり昆虫について学ぶことができるいい施設です。

○カリヨン＆フラワーパーク　カリヨンモニュメントを中心にたくさんお花が植えられ、カリヨンからは美しいメロディが流れ、訪れた人々に安らかな気持ちを与えてくれます。また、昆虫などのジャンボ遊具は子どもたちに喜ばれるでしょう。

（柴山佳・真）

三重　2

八重谷湧水
（やえたに）

度会郡大紀町阿曽

　JR紀勢線「阿曽駅」で下車し、徒歩約30分です。または三重交通南紀特急バスで阿曽バス停で下車し、徒歩約20分です。車の場合は、伊勢自動車道勢和多気ICから国道42号を尾鷲に向かって南下し約30分で阿曽北の交差点に出ます。その交差点を東に曲がり、「あじさいの道」の川沿いに進むと水汲み場に着きます。

　八重谷山の山麓に湧き出た湧き水で、湧水口からは、きれいな水がぽこぽこと噴出しています。流れ出た水に沿って木道が

八重谷湧水

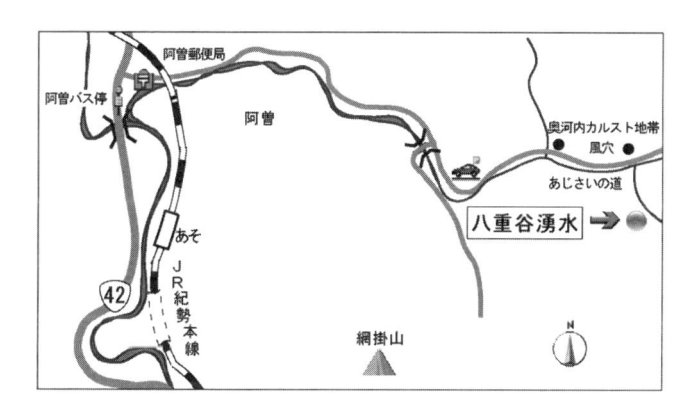

整備されています。流域はほとんど約2億年前の石灰岩に覆われ、鍾乳洞も数多くあります。

　水量が多く、湧き水が川になって流れている光景はとても美しく気持ちをなごませてくれます。湧き水口での水温はいつも変わることなく、水質も良く（水質検査済）、古くはこの水を利用してワサビ栽培をしている農家もありました。水の汲み場から源泉までの160mぐらいが遊歩道として整備されており、流れる水の美しさと、森林浴が味わえます。

〈湧き水データ〉水温：13.0℃（気温12℃）　pH：7.5〜8　Fe：0.2以下　硬度：75　周辺地質：石灰岩など

　周辺たちよりスポット

○あじさいの道　湧き水に続く道の両側約2.5kmの林道に25種類、約1万株のアジサイが植えられています。6月中旬〜7月上旬が見ごろで、途中にはホタルの水路や休憩所もあります。

○阿曽温泉　（TEL0598-84-8080）

　平成17年7月にオープンしました。この施設は、旧阿曽小学

校の校舎を改修したものです。泉質は、ナトリウム・カルシウムを含む炭酸水素塩・塩化物温泉で、切り傷・やけど・神経痛・冷え症・筋肉痛・慢性皮膚病などに効能があるといわれています。また、阿曽温泉には足湯もあります。

○**風穴**　この湧き水のすぐ近くにある鍾乳洞の一つです。この付近一帯は石灰岩でできていてカルスト地形や石灰岩が雨水で浸食されてできた奇岩怪石が多くあります。また、この他にもこの付近には洞窟が数多くあります。　　　　　（柴山佳・真）

三重 3

頭之水（知恵の水）

度会郡大紀町大内山

　JR紀勢本線「大内山駅」で下車し、北のほうへ徒歩10分ほどで、頭ノ宮四方神社に出ます。この神社の境内に湧き水があります。車の場合は、伊勢自動車道・勢和多気ICで降り、国道42号線で尾鷲方面へ約40分行き大内山駅の手前で右折し唐古川に沿って北上すると頭ノ宮四方神社に着きます。

　頭ノ宮四方神社のいわれは以下のように書かれています。昔、村の子どもが川で遊んでいると上流から髑髏が流れてきま

頭之水

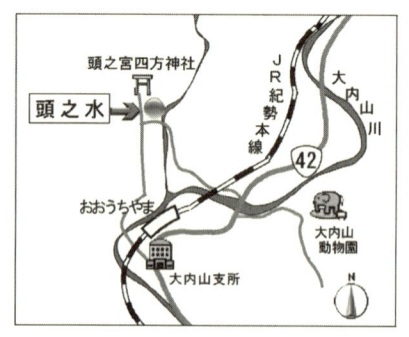

した。それを浮かべて遊んでいると、村の老人が髑髏を捨てさせ家に帰らせたところが、その老人は見る間に気が狂い大声で何かを語り出しました。それは、「予は唐橋中将光盛なり。今此の辺りにて童子を相手に楽しく遊んでいたのに予に向かって侮辱を加え遊びを妨げた。もし、予の髑髏を崇めまつらわば、汝の乱心を止め、万民に幸福を与え長く守護する」というものでした。それを村人が聞いて神殿を造営し髑髏を祀ったのが、今の頭之宮四方神社です。以来、知恵之神として崇められています。

　頭之水は、古くより「知恵の水」として飲めば内より罪、けがれ、厄をはらって活力を与え、身体につければ外から清めて御守護を助ける御神水として多くの人々の信仰を集めています。水量は少ないですが、味は無味無臭で飲みやすい水です。

〈湧き水データ〉水温：11.5℃（気温10.6℃）　　pH：7.5　Fe：0.2以下　硬度：30　周辺地質：砂岩、泥岩など

周辺たちよりスポット

○大内山村、脇動物園（TEL05987-2-2447）
　国道42号線江尻橋南の信号を東に曲がると着きます。脇さんご夫妻が運営する個人の動物園です。トラやライオンもいます。

（柴山佳・真）

〈近畿地方の湧き水分布〉

　この地図の中にある湧き水地点は約450カ所ありますが、本書では、調査が終わった116カ所を掲載しました。掲載されている場所は次ページ以下の府県別の図に記入しています。(本書で掲載できなかったものは、続編に掲載します)

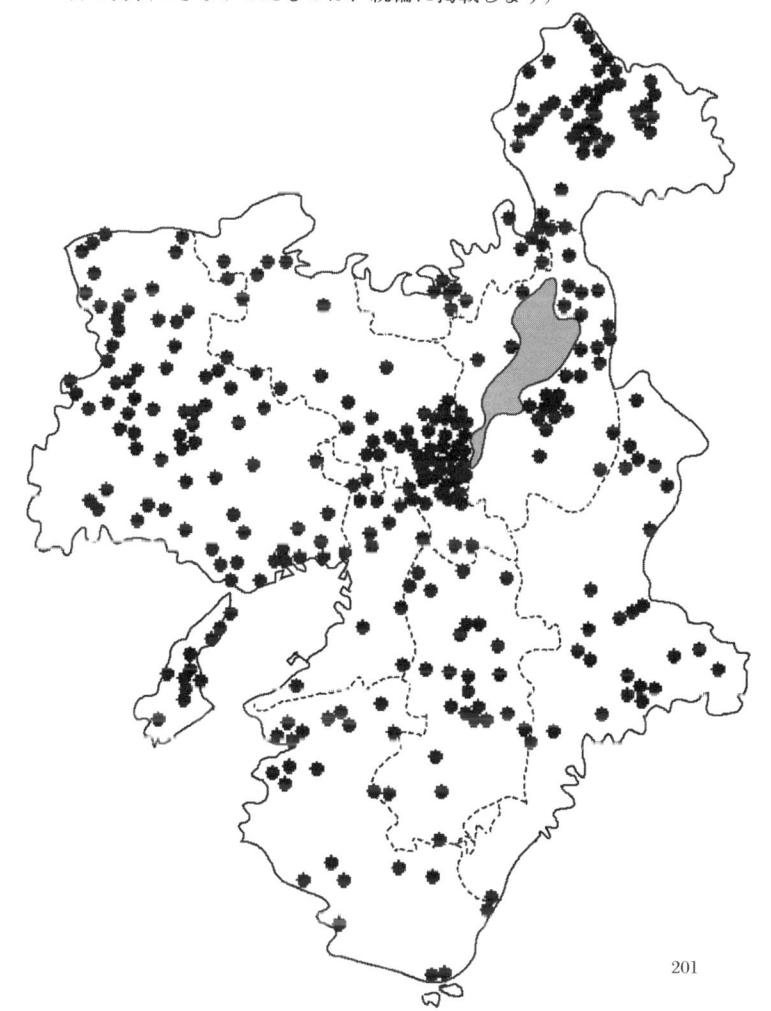

〈本書掲載湧き水 MAP〉

大阪府湧き水

- 山崎の水
- 離宮の水
- ふれあいの水
- 高山マリアの水
- 泉原の湧き水
- 玉の井
- 佐井の清水
- 垂水の神水
- 泉殿の霊泉
- 清水大師
- おおそ柿の水
- 行者湧水

京都府湧き水

- 長命いっぷく水
- 磯清水
- 真名井の清水
- 貴船の神水
- 九十九折の湧水
- 鞍馬寺の閼伽水
- 柳の井
- 白雲神社の井戸
- 染井
- 賀志鍾乳洞湧水
- 真名井の水
- 下御霊香水
- 長寿の滝
- 錦天満宮の御香水
- 亀の井
- 平安の滝
- 麩嘉の井戸
- 音羽霊水
- 不二の水
- 祇園神水
- 清和の井
- 伏水
- 伏見の御香水
- 伏見トレビの泉
- 白菊水
- さかみづ
- 閼伽水

202

兵庫県湧き水

- 独鈷水
- 二見の清水
- 福寿の水
- 長寿の水
- 高中の水
- 夏谷の名水
- 青倉神社の神水
- 松かいの水
- 妙見の水
- 脇川の念仏水
- 亀の水
- 広田神社の御神水
- 御井の清水
- 大師の水
- 船瀬の閼伽水
- 湯谷薬師の水
- 牛王水
- 筒井の清水

奈良県湧き水

- 松尾寺霊泉
- 玄賓庵折くの湧き水
- 狭井神社の御神水
- 宇太水分神社湧水
- 高見の郷の湧き水
- 命の水
- 泉の森
- ごろごろ水

和歌山県湧き水

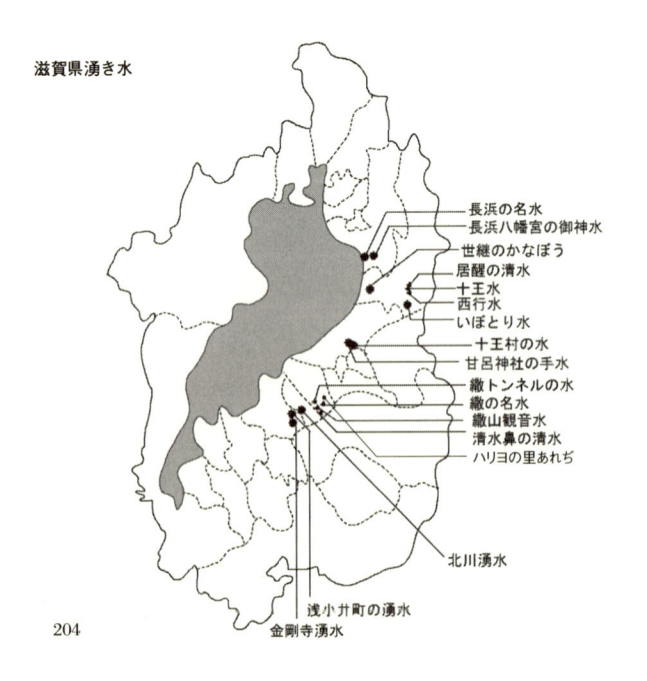

- 愚夷の瀧
- 楊柳水
- 清浄水
- 吉祥水
- 黒牛の清水
- 立神の水
- 白倉湧水
- 武内宿禰誕生井
- 野中の清水
- 瑠璃井
- 富田の水
- 瑠璃光薬師霊泉

滋賀県湧き水

- 長浜の名水
- 長浜八幡宮の御神水
- 世継のかなぼう
- 居醒の清水
- 十王水
- 西行水
- いぼとり水
- 十王村の水
- 甘呂神社の手水
- 樅トンネルの水
- 樅の名水
- 樅山観音水
- 清水鼻の清水
- ハリヨの里あれぢ
- 北川湧水
- 浅小井町の湧水
- 金剛寺湧水

福井県湧き水

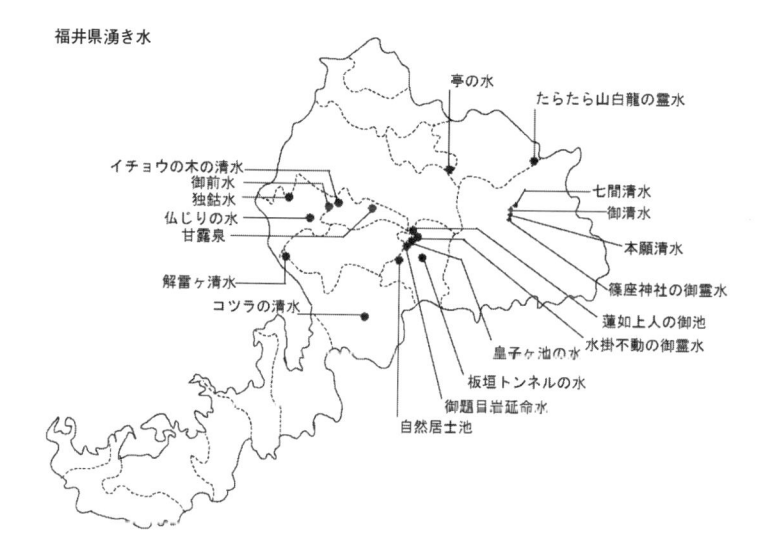

- 亭の水
- たらたら山白龍の霊水
- イチョウの木の清水
- 御前水
- 独鈷水
- 仏じりの水
- 甘露泉
- 解雷ヶ清水
- コツラの清水
- 七間清水
- 御清水
- 本願清水
- 篠座神社の御霊水
- 蓮如上人の御池
- 皇子ヶ池の水
- 水掛不動の御霊水
- 板垣トンネルの水
- 御題目岩延命水
- 自然居士池

三重県湧き水

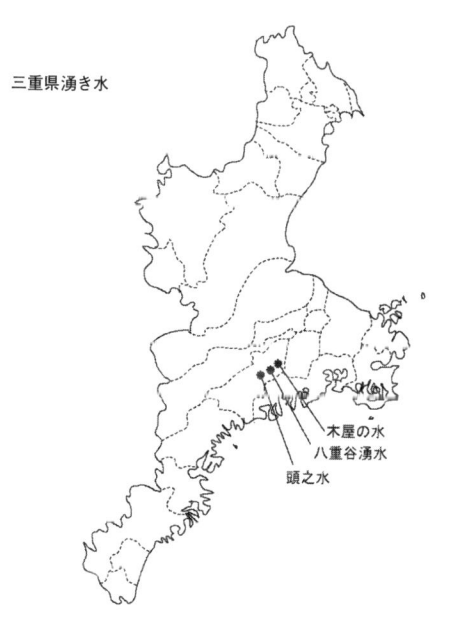

- 木屋の水
- 八重谷湧水
- 頭之水

おわりに

　水道水は近年、高度処理がおこなわれおいしくなったといわれています。それでも、名水などを購入したり、本書で紹介するような湧き水などに採水に行かれたりする方が、多くおられます。やはり人工的な処理がされていない自然の水を求めておられるのでしょう。

　本書では、このような近畿地方の湧き水の場所を紹介しています。さまざまな情報を元に、近畿地方の湧き水の場所445カ所をリストアップし、「湧き水サーベイ関西」のメンバーが手分けして、調査に回りました。現在も本書に掲載されていない場所を引き続き調査しています。メンバーは会社員、定年退職者、主婦、教員や自営業などさまざまな職種の方で、ボランティアで参加しています。私たちの足で集めた成果が本書です。

　本書の原稿を作成するに当たり、上島昌晃さんや向平すすむさんには、本文を読んでいただき貴重なご意見をいただきました。東方出版の北川幸さんは本書を担当され、休み返上で編集作業をしていただきました。また、湧き水の現地では多くの方から貴重な情報などをいただきました。これらのかたがたに感謝します。

　　　　　　　　　　　　　「湧き水サーベイ関西」代表　柴山元彦

〈編者〉

柴山元彦

〈執筆者〉（あいうえお順）

榎木育子	柴山佳男
香川直子	富田衣久子
亀田桂子	橋村淳子
是恒孝子	平岡由次
芝川明義	本田多嘉子
柴山真理子	松崎美弥子
柴山元彦	

〈地図・イラスト作成〉

香川直子

関西地学の旅④　湧き水めぐり 1

2006年10月25日　初版第1刷発行

編著者──湧き水サーベイ関西
発行者──今東成人
発行所──東方出版㈱

〒543-0052　大阪市天王寺区大道1-8-15
TEL06-6779-9571　FAX06-6779-9573

装　幀──森本良成
印刷所──亜細亜印刷㈱

ISBN 4-86249-035-2　　　乱丁・落丁はおとりかえいたします。

関西地学の旅　宝石探し
大阪地域地学研究会　1400円

関西地学の旅2　街道と活断層を行く
大阪地域地学研究会・中川康一［監修］　1500円

関西地学の旅3　宝石探しⅡ
大阪地域地学研究会　1500円

八ケ岳高原の花　春・夏・秋
日弁貞夫写真集
各1400円

草木スケッチ帳Ⅰ～Ⅳ
柿原申人　各2000円

熊野古道巡礼
吉田智彦　2000円

タクラマカン
シルクロードのオアシス
萩野矢慶記　2800円

天王寺動物園
アラタヒロキ［写真］・宮下実［解説］　1200円

動物園まんだら
中川哲男　1600円

奈良高山の自然
茶せんの里の生きものたち
与名正三［写真］．中津弘［文］・岸基史［監修］　2000円

干物のある風景
新野大写真集
2000円

海遊館の魚たち　Ⅰ・Ⅱ
新野大［写真］・多田嘉孝［解説］・海遊館［監修］　各1200円

魚の顔
新野大［写真］・海遊館［監修］　1200円

日本水風景
松浦和夫写真集
2000円

＊表示の価格は消費税を含まない本体価格です。